일반·공학 물리학
기출문제집

일반·공학 물리학 기출문제집

연세대학교 이과대학 물리학과

연세대학교 출판문화원

일반·공학 물리학 기출문제집

저자 연세대학교 이과대학 물리학과
펴낸곳 연세대학교 출판문화원
주소 서울시 서대문구 연세로 50
전화 02) 2123-3380~2
팩스 02) 2123-8673
e-mail: ysup@yonsei.ac.kr
http://press.yonsei.ac.kr
등록 1955년 10월 13일 제9-60호
인쇄 (주)화신문화

2019년 12월 30일 1판 1쇄 2025년 9월 29일 1판 4쇄

ISBN 978-89-6850-380-1(93420)

정가 13,000원

CONTENTS

PART 1 Problems

PART 2 Solutions

PART 1

Problems

CHAPTER 01

2012년

CHAPTER 01

2012년 | 1학기 1차

01

점보 제트기가 활주로에서 이륙하기 위해서는 최소 360km/h의 속도가 필요하다. 제트기가 출발한 뒤 이동거리가 1.80km가 되기 전에 이륙하기 위해서 필요한 최소한의 가속도를 구하시오. (가속도는 일정하다.)

A) $72000km/h^2$

B) $36000km/h^2$

C) $20000km/h^2$

D) $360km/h^2$

E) $18000km/h^2$

02

경찰관이 보석도둑을 잡기위해 도시 옥상을 넘나들고 있다. 도둑과 경찰은 5m/s의 속력으로 달리고 있고, 건물 사이 거리는 4m이며 높이 차이는 3m이다. 도둑은 위로 45도 각도로 5m/s의 속력으로 뛰어서 빌딩 사이를 넘어갔다. 경찰관은 수평방향으로 5m/s의 속력으로 내딛었다.

(a) 경찰관은 빌딩 사이를 넘을 수 있는지 답하시오.

(b) 4m를 넘어 추가적으로, 빌딩사이를 넘어간 도둑의 수평방향 이동거리를 답하시오.

A) Yes, 0.26m　　B) No, 0.26m　　C) Yes, 0.13m

D) No, 0.13m　　E) Yes, 0.52m

03

1N의 무게를 가진 진자가 수평방향으로 2N의 힘을 받으며, 의 각도를 이루며 매달려있다. 줄에 걸리는 장력을 답하시오.

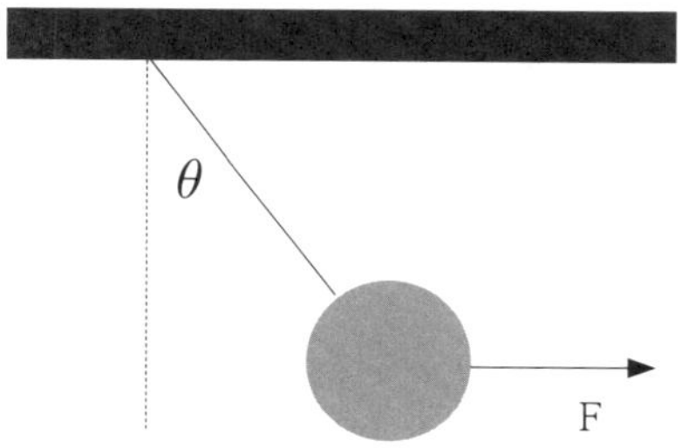

A) $\sqrt{5}$

B) $\cos\theta$

C) $2/\cos\theta$

D) 1

E) 보기에 답은 없다.

04

탁자위에 질량 50kg의 블록 A가 놓여있다. 정지마찰계수는 0.40이다. 질량과 마찰을 무시할 수 있는 줄과 도르래를 통해 다른 블록 B가 연결돼 있다. A가 움직일 수 있는 B의 최소질량을 답하시오.

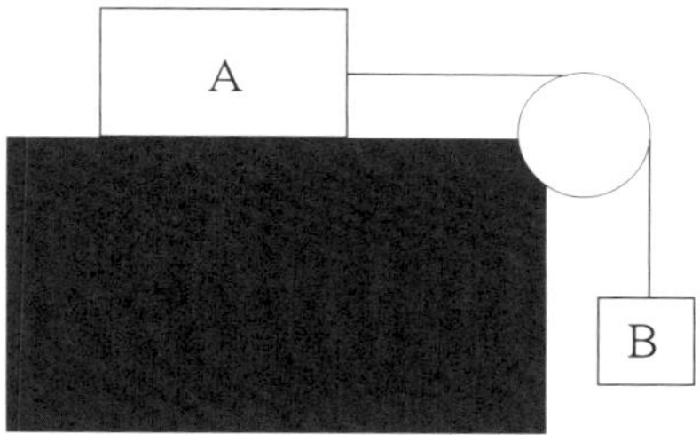

A) 20kg B) 30kg C) 40kg

D) 50kg E) 70kg

05

직경이 40m인 원형궤도가 바닥면과 수직으로 설치돼있다. 원형궤도에는 철장이 달려있는데, 그 안에 질량이 m인 사람이 서있다. 철장은 원형궤도에서 돌아가기 시작하고, 회전으로 생기는 힘은 원형궤도 꼭대기 부분에서 사람의 몸무게와 같아진다. 원형궤도 꼭대기에서 사람에게 가해지는 알짜힘을 답하시오.

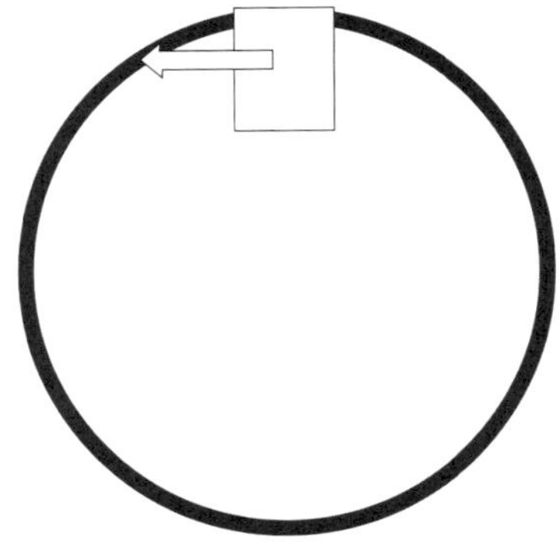

A) 2mg, 아래 방향　　B) 2mg, 위 방향

C) mg, 아래 방향　　D) mg, 위 방향

E) 0

06

입자가 x축 방향으로 움직이고 있다. 입자에 가해지는 합력은 $F_x=(120\text{N/m})x$이다. 입자가 x=0에서 x=0.5m 까지 움직였을 때 받는 일의 양을 답하시오.

A) 7.5J　　B) 15J　　C) 30J

D) 60J　　E) 120J

07

언덕위에 멈춰있던 트럭이, 언덕을 내려가며 가속을 받아 바닥에 닿았을 때 20m/s의 속력을 갖게됐다. 언덕의 경사는 일정하고 바닥의 마찰이 없다고 가정했을 때, 40m/s의 속력을 갖기 위해선 언덕의 높이가 몇배 더 높아져야 하는가?

A) 기존 높이의 절반　　B) 기존 높이와 똑같다

C) 기존 높이의 두배　　D) 기존 높이의 네배

E) 보기 중 답은 없다.

08

블록이 마찰 없는 바닥위를 움직이고 있다. 움직이던 블록은 벽면에 고정된 용수철과 부딪히는데, 용수철은 x만큼 압축됐다가 블록을 다시 밀어냈다. 블록의 속력의 두배가 됐을 때, 용수철은 얼마만큼 압축되어야 하는가?

A) 기존의 절반
B) 기존과 똑같다
C) 기존의 두배
D) 기존의 네배
E) 보기 중 답은 없다.

09

무게가 1.4N인 블록 A와 4.2N인 블록 B가 그림과 같이 놓여있다. 모든 접촉면에서 운동마찰계수는 0.30이다. 블록 B가 일정한 속도로 움직이기 위해서 필요한 최소한의 힘을 구하시오. (A와 B에 연결된 끈의 질량은 무시하고, 도르래와 끈 사이의 마찰도 무시한다.)

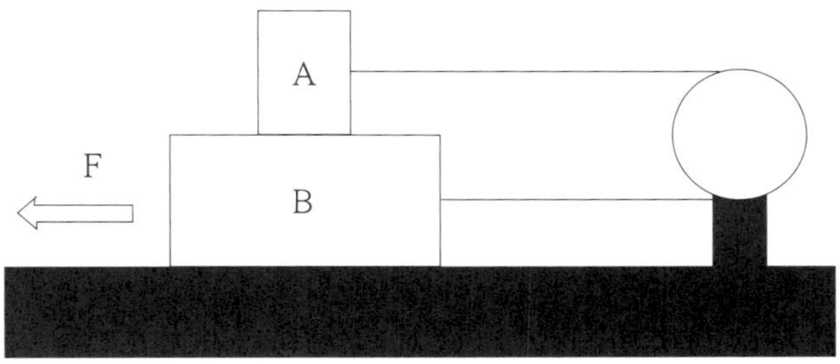

10 53.1°의 경사로 위에 2kg의 상자가 놓여있다. 상자와 4m 거리로, 용수철 상수 k=120N/m인 용수철이 놓여있다. 박스와 경사로 사이의 운동마찰계수는 0.2이고, 정지마찰계수는 0.4이다. 용수철의 질량은 무시한다.

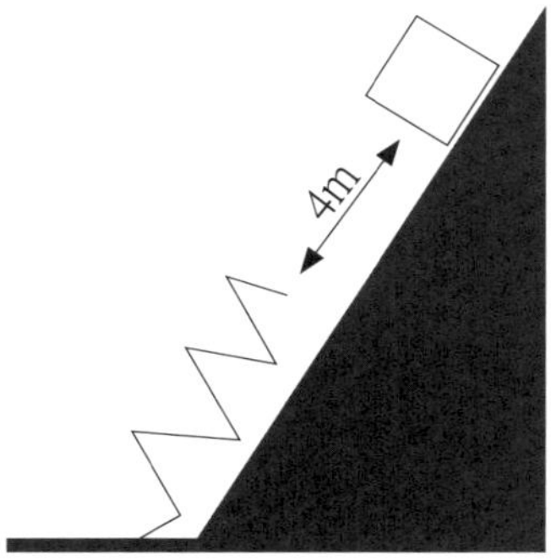

(a) 상자가 용수철에 닿기 직전 속력을 구하시오.

(b) 용수철이 최대로 압축되는 길이를 구하시오.

(c) 상자가 위쪽방향으로 튕겨져나갔다. 처음 위치에 얼마나 근접할 수 있는지 구하시오. (cos53.1°=0.6으로 계산하시오)

CHAPTER 01

2012년 | 1학기 2차

01

질량 m의 총알이 v의 속력으로 날아와 질량이 M인 나무블록에 박혀들어갔다. 충돌 이후 블록은 최대 높이 h만큼 올라갔다. 충돌전 총 운동에너지를 K_i, 충돌 후 총 운동에너지를 K_f 라 할 때 $\frac{K_f}{K_i}$의 값을 구하시오.

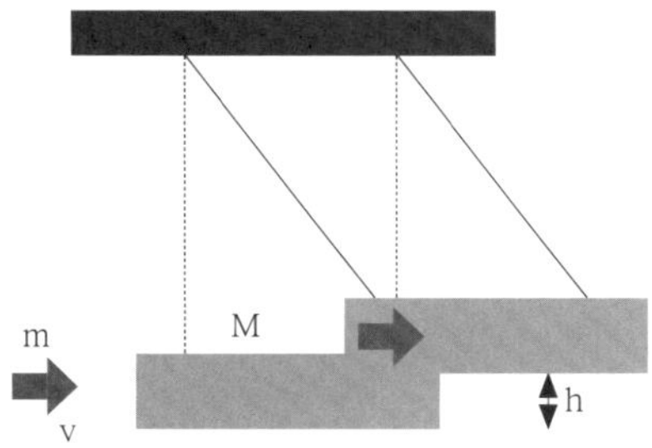

A) $\frac{M}{M+m}$

B) $\frac{m}{M+m}$

C) $\frac{2m}{M+2m}$

D) $(\frac{m}{M+m})^2$

E) None of the above

02

초기 각속도가 18rad/s인 바퀴의 회전속도가 매초 2rad/s^2만큼 느려진다. 바퀴가 멈출때까지 대략 몇바퀴정도 도는지 구하시오.

A) 13rev

B) 26rev

C) 29rev

D) 51rev

E) 55rev

03

총 질량이 M이고 반지름이 R인 균일한 고리가 그림처럼 회전하고 있다. 이때 회전축에 대한 관성모멘트를 구하시오.

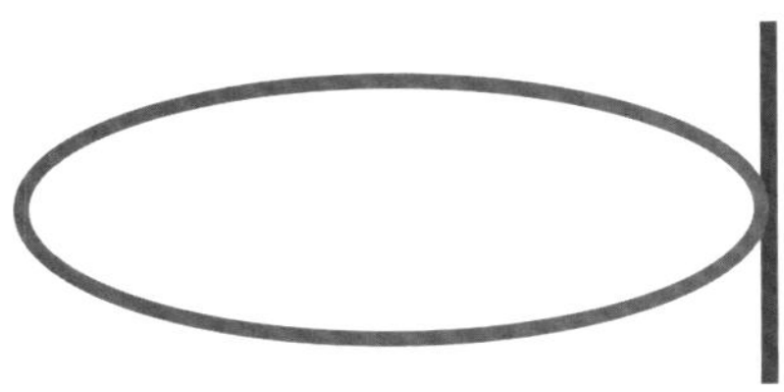

A) $\frac{1}{2}MR^2$

B) MR^2

C) $\frac{5}{4}MR^2$

D) $\frac{3}{2}MR^2$

E) $2MR^2$

04

반지름이 R이고 관성모멘트가 I인 도르래가 바닥면과 수직하게, 질량중심을 지나는 회전축에 고정되어있다. 도르래에 질량을 무시할 수 있는 실이 걸려있고, 한쪽끝에는 m_1인 블록이, 다른쪽 끝에는 m_2인 블록이 연결돼 있다. m_1이 아랫방향으로 v의 속력으로 움직이기 시작했다. 이때 도르래 중심축에 대한 총 각운동량을 구하시오.

A) $(m_1-m_2)vR+Iv/R$

B) $(m_1+m_2)vR+Iv/R$

C) $(m_1-m_2)vR-Iv/R$

D) $(m_1+m_2)vR-Iv/R$

E) none of the above

05

반지름이 0.5m인 바퀴가 미끄러짐 없이 수평면을 굴러가기 시작했다. 정지상태에서부터 각가속도 $6\text{rad}/s^2$를 받을 때, 정지상태부터 3초간 바퀴가 이동한 거리를 구하시오.

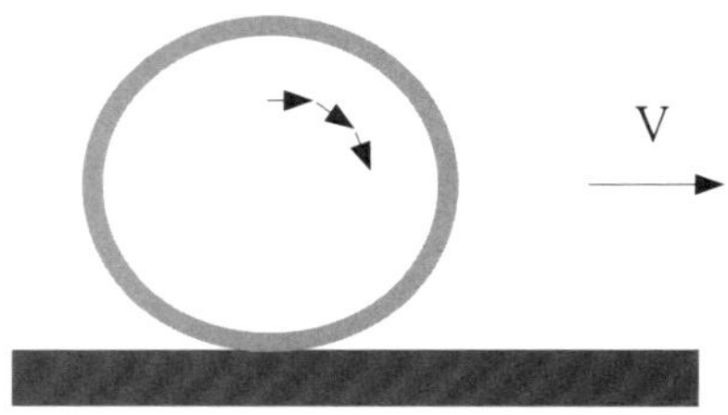

A) 0

B) 27 m

C) 13.5 m

D) 18 m

E) 보기 중 답은 없다.

06

실린더와 수평면 사이의 정지마찰계수는 0.4이다. 실린더의 무게중심축에 대한 관성모멘트가 $I=\frac{1}{2}MR^2$ 일 때, 미끄러짐 없이 실린더가 받을수 있는 최대 가속도를 구하시오.

A) 0.1 g

B) 0.2 g

C) 0.4 g

D) 0.8 g

E) g

07

길이 10cm에 무게 400N인 균일한 질량분포의 사다리가 있다. 사다리는 비스듬하게 벽과 맞닿아 있는데, 벽의 수직면은 마찰이 없다. 바닥면과의 마찰로 인해 사다리는 미끄러지지 않을 수 있다. 사다리와 바닥이 이루는 각도가 30도일 때, 사다리에 의해서 벽면에 가해지는 힘을 구하시오.

A) 48N　　B) 74N　　C) 120N

D) 350N　　E) 610N

08

질량이 M이고 반지름이 R인 고리의 초기 각속도는 w_0이다. 초기 선속도는 없다. 각도가 β인 경사로 아래에 놓여져있을 때, 미끄러짐 없이 경사로를 굴러 올라간다.

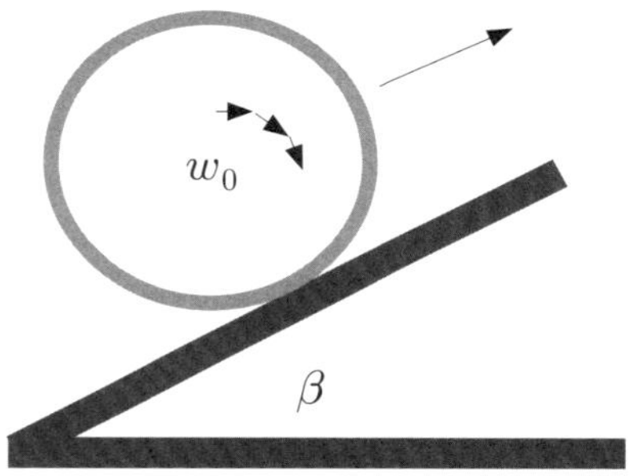

(a) 고리가 도달할 수 있는 최대 높이를 구하시오

(b) 링의 가속도와 마찰력을 구하시오.

09

그림과 같이 경첩에 고정된 여닫이 문이 있다. 문의 위아래 길이는 l이고 질량은 M이다. 질량이 m인 공이 의 속력으로 문과 부딪힌 뒤 튕겨져 나가 v'의 속력을 갖게됐다. 문의 관성모멘트는 I_0이다.

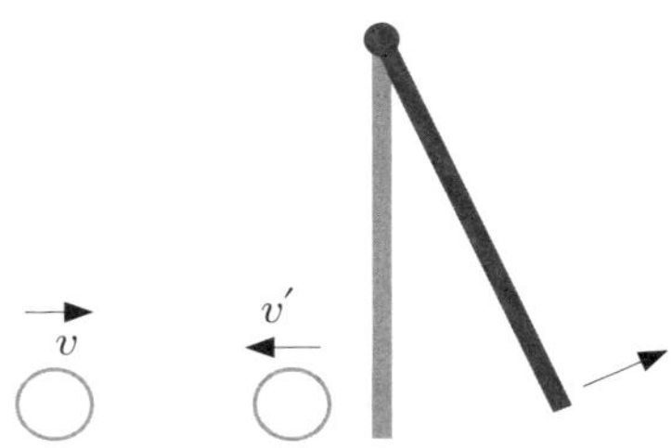

(a) 충돌직후 문의 각속도 w_0를 구하시오.

(b) v'의 방향이 v와 반대 방향이기 위한 조건을구하시오.

CHAPTER 01 2012년 | 1학기 3차

01 천장에 매달린 용수철에 질량 M인 블록을 달았을 때, 용수철이 9mm 늘어났다. 용수철이 진동할 때의 진동수를 답하시오.

A) 0.088rad/s B) 33rad/s C) 200rad/s

D) 1140rad/s E) M 값이 주어지지 않는다면 알 수 없다

02 질량이 0.25kg인 블록이 용수철 상수 200N/m인 용수철에 연결돼 진동하고 있다. 용수철을 0.15m 압축시켰을 때 속력이 3m/s이다. 진동의 진폭을 구하시오.

A) 0.13m B) 0.18m C) 3.7m

D) 5.2m E) 13m

03 수도꼭지 구멍의 넓이 A_0는 $1.5cm^2$이다. 수도꼭지에서 나온 물의 아래쪽 단면적 A는 $0.5cm^2$이다. 물의 아래부분과 수도꼭지 구멍 사이의 높이 차이는 $10cm$이다. 수도꼭지 구멍과 아래부분의 속도를 각각 구하시오 (중력가속도 $g=1000cm/s^2$이다.)

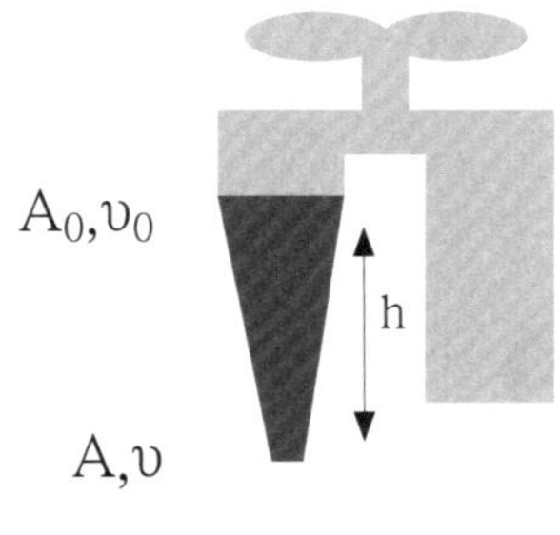

A) $v_0=40cm/s$, $v=120cm/s$ B) $v_0=120cm/s$, $v=40cm/s$

C) $v_0=50cm/s$, $v=150cm/s$ D) $v_0=150cm/s$, $v=50cm/s$

E) $v_0=100cm/s$, $v=100cm/s$

04 15kg의 왕관이 물에 담겨있다. 왕관의 부피에 해당되는 물의무게는 1kg이다. 왕관의 밀도 ρ를 답하시오. 그리고 만약 밀도가 18kg/m^3인 금속이 왕관에 섞일 경우, 왕관의 밀도는 증가하는지 감소하는지 답하시오. (물의 밀도는 103kg/m^3이고, 중력가속도 g=10m/s^2이다.

A) $\rho=15\times10^3 kg/m^3$, 늘어난다

B) $\rho=20\times10^3 kg/m^3$, 늘어난다

C) $\rho=15\times10^3 kg/m^3$, 줄어든다

D) $\rho=20\times10^3 kg/m^3$, 줄어든다

E) $\rho=18\times10^3 kg/m^3$, 변화 없다

05 밀도가 900kg/m^3인 기름이 원형 파이프를 통해 끌어올려 지고 있다. 원형파이프의 단면적은 30cm^2이고, 매초 15리터 씩 퍼올려 진다. 기름의 속도 v와, 단위시간당 질량 흐름(mass flowrate, MFR)을 답하시오.

A) v＝3m/s, MFR＝18.0kg/s

B) v＝3m/s, MFR＝13.5kg/s

C) v＝5m/s, MFR＝18.0kg/s

D) v＝5m/s, MFR＝13.5kg/s

E) v＝3m/s, MFR＝15.0kg/s

06

줄에 파동이 오른쪽으로 이동하고 있다. 그래프는 어느 한순간 파동의 모습을 나타낸 것이다. 이 순간, x=a인 지점의 속도와 가속도를 답하시오.

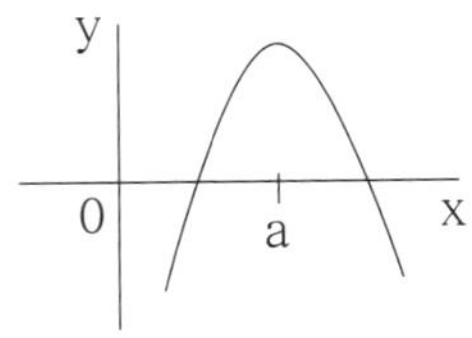

A) 속도와 가속도는 0이다.

B) 속도는 0이고, 가속도는 위쪽 방향이다.

C) 속도는 0이고, 가속도는 아래쪽 방향이다.

D) 속도는 위쪽 방향이고, 가속도는 0이다.

E) 속도는 아래쪽 방향이고, 가속도는 0이다.

07

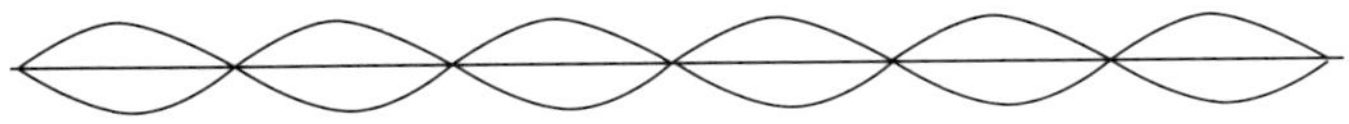

길이가 1m고 질량이 20g인 끈에 장력 200N이 걸려있다. 끈의 진동으로 생기는 정상파는 다음 그림과 같다. 이때 진동수를 답하시오.

A) 75Hz　　B) 150Hz　　C) 300Hz

D) 450Hz　　E) 600Hz

08

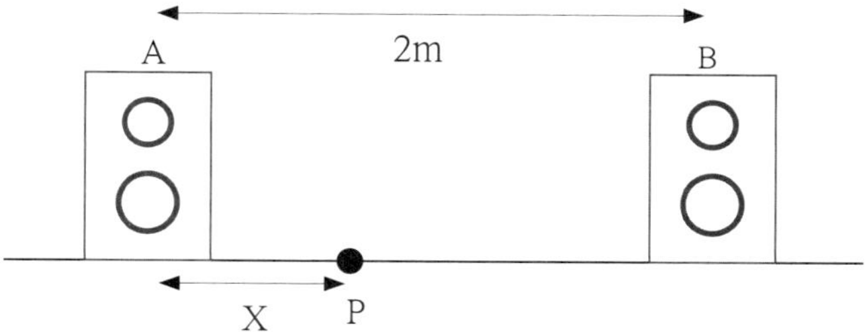

두 개의 스피커 A와 B가 2m 거리를 두고 놓여져있다. 두 스피커는 같은 음파를 내보내고 있다. 음파의 진동수는 206Hz이다. 두 스피커를 잇는 선 위에 점 P가 있다. 점 P는 A로부터 x만큼 떨어져있다. 소리의 진행속도는 $v=344m/s$이다.

(a) 점 P에서 상쇄간섭이 일어나기 위한 x 값을 구하시오.

(b) 점 P에서 보강간섭이 일어나기 위한 x 값을 구하시오.

(c) (a)와 (b)에서 구한 간섭효과는 실제로 집에서 듣기는 어렵다. 그 이유를 설명하시오.

CHAPTER 01

2012년 | 2학기 1차

01 긴, 질량이 없는 막대가 중앙에 받침대가 있고, 받침대 오른쪽 부분의 막대에 무게 블록이 매달려 있다. 막대의 왼쪽 끝과 오른 쪽 끝에 작은 도체 구가 각각 $+q$, $+2q$로 대전되어 있고, 각 구의 아래로 거리 h인 지점에 +Q로 대전된 구가 고정되어 있다. 막대가 수평으로 균형 잡혔을 때 거리 x를 구하라.

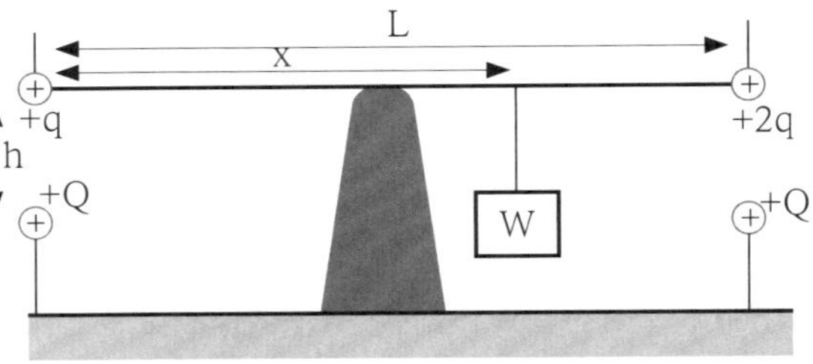

(a) $x=\frac{L}{2}\left[1-\frac{1}{4\pi\epsilon_0}\frac{qQ}{h^2W}\right]$ (b) $x=\frac{L}{2}\left[1+\frac{1}{4\pi\epsilon_0}\frac{qQ}{h^2W}\right]$

(c) $x=\frac{L}{2}\left[\frac{1}{2}-\frac{1}{4\pi\epsilon_0}\frac{qQ}{h^2W}\right]$ (d) $x=\frac{L}{2}\left[\frac{1}{2}+\frac{1}{4\pi\epsilon_0}\frac{qQ}{h^2W}\right]$

(e) $x=\frac{L}{2}\frac{1}{4\pi\epsilon_0}\frac{qQ}{h^2W}$

02 −Q의 음전하가 반지름이 a인 사분원에 균일하게 분포되어있다. 막대는 1사분면에 위치해있고, 곡률 중심은 원점에 있다. 원점에서의 전기장의 x, y 성분으로 알맞은 것은?

(a) $E_x=E_y=\frac{2kQ}{a^2}$ (b) $E_x=E_y=\frac{kQ}{a^2}$

(c) $E_x=E_y=\frac{2kQ}{\pi a^2}$ (d) $E_x=E_y=\frac{kQ}{\pi a^2}$

(e) $E_x=E_y=-\frac{kQ}{a^2}$

03

아래 그림은 반지름이 R인 원판에 전하가 분포한 것을 나타낸 것이다. 원래 양의 전하밀도 σ로 균일하게 분포하고 있던 원판에 원의 중심을 지나면서 두께 t만큼의 띠 영역의 전하를 제거했다. 중심으로부터 x만큼 떨어진 높이의 전기장의 세기를 구하여라. (단, t<<x<<R)

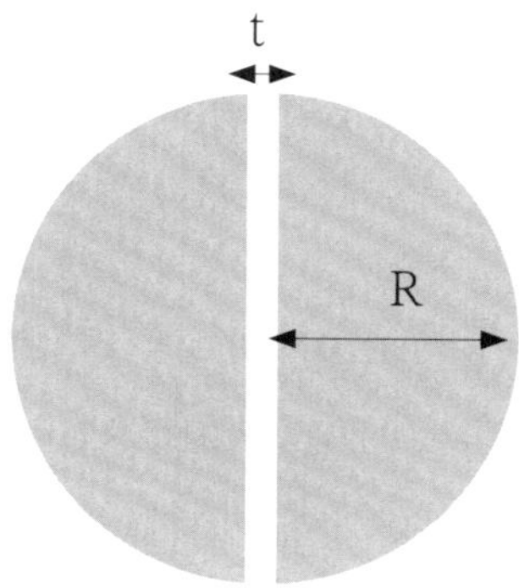

(a) $E_x = \dfrac{\sigma}{2\epsilon_0}\left[1-\dfrac{1}{\sqrt{\left(\dfrac{R}{x}\right)^2+1}}\right]-\dfrac{1}{2\pi\epsilon_0}\dfrac{\sigma}{x\sqrt{\left(\dfrac{x}{R}\right)^2+1}}$

(b) $E_x = \dfrac{\sigma}{2\epsilon_0}\left[1-\dfrac{1}{\sqrt{\left(\dfrac{R}{x}\right)^2+1}}\right]+\dfrac{1}{2\pi\epsilon_0}\dfrac{\sigma}{x\sqrt{\left(\dfrac{x}{R}\right)^2+1}}$

(c) $E_x = \dfrac{\sigma}{2\epsilon_0}\left[1-\dfrac{1}{\sqrt{\left(\dfrac{R}{x}\right)^2+1}}\right]-\dfrac{1}{2\pi\epsilon_0}\dfrac{\sigma t}{x\sqrt{\left(\dfrac{x}{R}\right)^2+1}}$

(d) $E_x = \dfrac{\sigma}{2\epsilon_0}\left[1-\dfrac{1}{\sqrt{\left(\dfrac{R}{x}\right)^2+1}}\right]+\dfrac{1}{2\pi\epsilon_0}\dfrac{\sigma t}{x\sqrt{\left(\dfrac{x}{R}\right)^2+1}}$

04

얇고 평평하고 무한한 판에 양의 면 전하밀도 σ가 고르게 분포되어있다. 부도체와 도체인 각각의 경우에, 면 주변에서의 전기장의 세기로 알맞은 것은?

(a) $\dfrac{\sigma}{2\epsilon_0}, \dfrac{\sigma}{2\epsilon_0}$ (b) $\dfrac{\sigma}{\epsilon_0}, \dfrac{\sigma}{\epsilon_0}$ (c) $\dfrac{\sigma}{2\epsilon_0}, 0$

(d) $\dfrac{\sigma}{2\epsilon_0}, \dfrac{\sigma}{\epsilon_0}$ (e) $\dfrac{\sigma}{\epsilon_0}, \dfrac{\sigma}{2\epsilon_0}$

05

원점에 중심을 둔 반지름R인 고체 구가 있다. 전하량 Q가 표면에 고르게 분포되어 있다. 물체로부터 무한히 먼 곳의 전기 퍼텐셜을 0으로 둔다면, 도체 구의 중심에서의 전기 퍼텐셜은 얼마인가?

(a) 0　　(b) $Q/\pi\epsilon_0 R$　　(c) $Q/2\pi\epsilon_0 R$

(d) $Q/4\pi\epsilon_0 R$　　(e) $Q/8\pi\epsilon_0 R$

06

아래 그림에서 점 A와 점 B의 전기 퍼텐셜은 얼마인가?

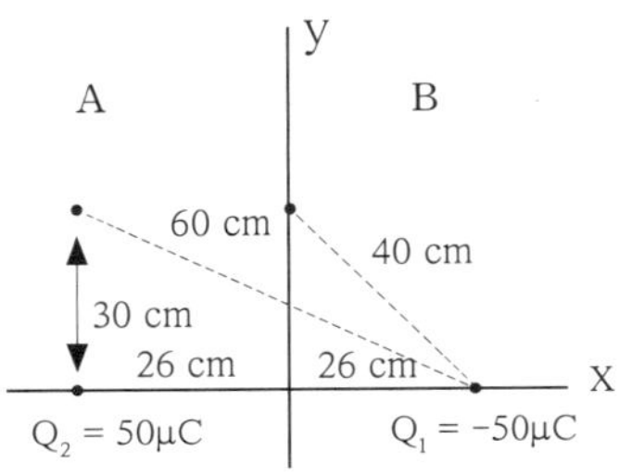

(a) A: $V<0$ B: $V>0$　　(b) A: $V=0$ B: $V=0$

(c) A: $V<0$ B: $V=0$　　(d) A: $V=0$ B: $V<0$

(e) A: $V>0$ B: $V=0$

07

그림은 축전기로 이루어진 회로이다.
a와 b의 전기 퍼텐셜 차이가 5.0V이다.
11.0μF 축전기에 저장된 에너지를 구해라.

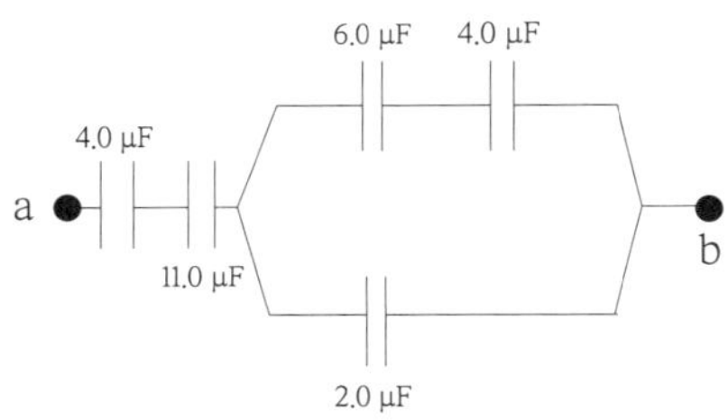

(a) 1.50μJ　　(b) 2.63μJ　　(c) 3.52μJ

(d) 7.04μJ　　(e) 22.0μJ

08

가이거 튜브(Geiger tube)가 반지름 a, 길이 L인 내부의 실린더와, 이와 동축이며 반지름이 b, 길이가 L인 외부 실린더로 구성되어있다. 튜브 내부(두 실린더 사이)가 유전상수 K인 기체로 채워져 있다고 가정하고, 두 실린더의 전기 퍼텐셜 차이가 V_0일 때 단위 길이 당 전하량을 구하여라.

(a) $\dfrac{2\pi K\epsilon_0 V_0}{\ln(b/a)}$ (b) $\dfrac{2\pi K\epsilon_0 V_0}{L\ln(b/a)}$ (c) $\dfrac{2\pi K\epsilon_0 L}{V_0\ln(b/a)}$

(d) $\dfrac{2\pi K\epsilon_0}{V_0\ln(b/a)}$ (e) $2\pi K\epsilon_0 V_0\ln(b/a)$

09

어느 공기 축전기 두 평행 판 사이의 거리는 $d=10.0mm$이다. 이 평행판 사이에, $a=5.0mm$의 두께의 금속 슬랩(metal slab)을 끼워넣었다. 이 금속 슬랩이 없을 때 전기 용량이 15.0μF이라고 할 때 금속 슬랩이 있을 때 전기용량을 계산하라.

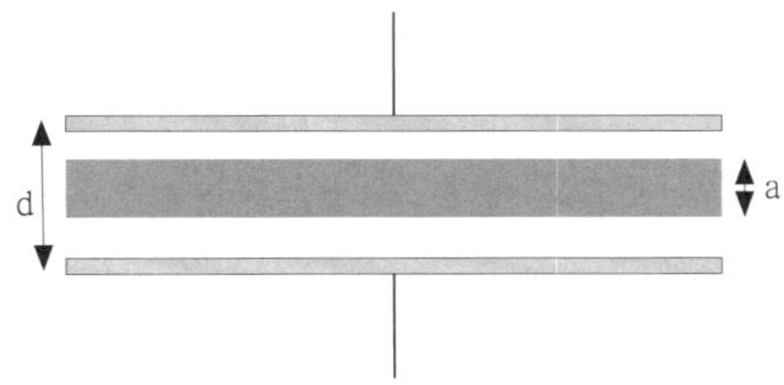

(a) 10.0μF (b) 15.0μF (c) 20.0μF

(d) 25.0μF (e) 30.0μF

10

내부 실린더의 반지름이 a이고 외부 반지름인 b인 도체 동축 실린더가 있다. 내부 실린더의 선 전하밀도는 $\lambda(\lambda > 0)$이고, 외부의 선 전하밀도는 $-\lambda$이다.
(단, 실린더의 중심 축으로부터의 거리를 r로 표현한다.)

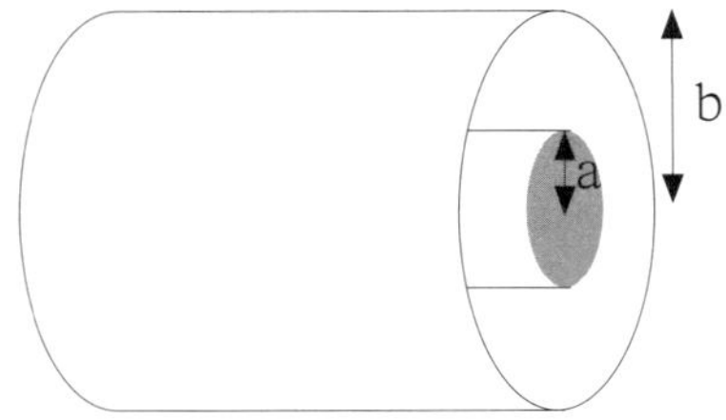

1) 각각의 영역에서 퍼텐셜을 계산하라.(단, $V(b) = 0$)
   (i) $r < a$; (ii) $a < r < b$; (iii) $r > b$.

2) 내부 실린더의 퍼텐셜을 구하라.

3) 두 실린더 사이의 영역에서의 퍼텐셜을 구하라.

4) 외부 실린더의 알짜전하가 0이라면 두 실린더 사이의 퍼텐셜 차이는 무엇인가?

11

중심이 같은 두개의 도체 구 껍질이 있다. 안쪽 구 껍질의 외부 쪽 반지름은 a이고, 바깥 쪽 구 껍질의안쪽 반지름은 b이다. 두 껍질 사이의 퍼텐셜 차이는 V이고, 안쪽 껍질의 퍼텐셜이 더 높다.

1) 각 껍질의 총 전하를 구하라.

2) 두 껍질 사이 영역의 전기장을 구하라.

3) 만약 전자가 두 껍질 사이에서 돌고 있고 운동의반지름은 $(a+b)/2$이고 전자의 속도는 일정 할때, 전자의 운동에너지를 구하라. (두 껍질 사이의 퍼텐셜 차이는 유지된다)

4) 돌고 있는 전자의 운동에너지가 50eV이고 $b=2a$라면, 퍼텐셜 차이 V의 값은 얼마인가?

CHAPTER 01

2012년 | 2학기 2차

01 단면적이 원형인 도선에 전류가 흐르고 있다. 도선의 축으로부터의 거리를 이라고 할 때, R/2<r<R 영역에서의 전류를 구하라.

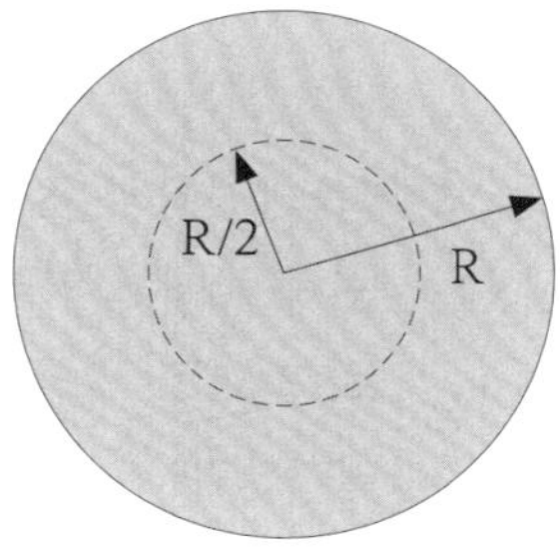

1) 반지름이 $R = 2mm$이고 전류밀도가 $J = 2.0 \times 10^5 A/m^2$일때.

2) 전류 밀도가 $J = ar^2$일 때. (let $\pi = 3.0$)

(a) $1)i = 2.1\,A,\ 2)i = \frac{15}{32}aR^4$

(b) $1)i = 1.8\,A,\ 2)i = \frac{15}{32}aR^4$

(c) $1)i = 2.1\,A,\ 2)i = \frac{45}{32}aR^4$

(d) $1)i = 1.8\,A,\ 2)i = \frac{45}{32}aR^4$

(e) $1)i = 1.8\,A,\ 2)i = \frac{32}{15}aR^4$

02

각 물음에 답하라.

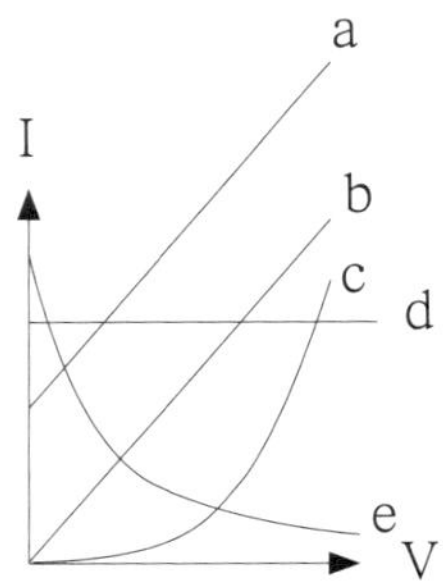

1) 다음 그래프 중 어느 것이 전도성이 일정한 기기의 전류－전압 관계를 가장 잘 나타내는가?

2) 어느 전지의 전극 사이의 퍼텐셜 차이는 음극에서 양극으로 3.0A의 전류가 흐를 때 9.0V이다. 전류가 반대 방향으로 2.0A로 흐를 때, 퍼텐셜차이는 14.0V이다. 전지의 내부 저항과 기전력은 얼마인가?

(a) ε=9.0V, r=2.5Ω

(b) ε=10.0V, r=2.0Ω

(c) ε=7.5V, r=1.5Ω

(d) ε=12.0V, r=1.0Ω

(e) ε=10.5V, r=0.5Ω

03

오른쪽 그림의 회로는 12개의 R옴 저항들로 구성되어 있다. 점 a와 점 b 사이의 등가 저항을 구하라.

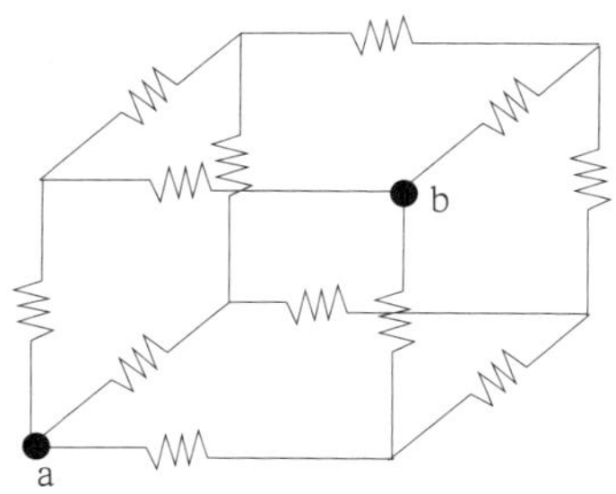

(a) (1/2)R

(b) (7/12)R

(c) (2/3)R

(d) (3/4)R

(e) (5/6)R

04 어느 축전기는 원래 방전되어 있었다. $t=0$일 때, 축전기는 저항 R을 통해 전지에 연결되었다. 무한한 시간이 흐른 뒤 축전기에 저장된 에너지는 U가 되었다. $\tau=RC$ 만큼의 시간이 흘렀을 때는 축전기에 얼마만큼의 에너지가 저장되어 있었겠는가?

(a) U/e (b) U/e^2

(c) $eU/(e-1)$ (d) $U(1-1/e)$

(e) $U(1-1/e)^2$

05 정사각형 모양의 도선이 아래 그림과 같이 놓여있다. 고리의 각 꼭짓점은 (0, 0), (0, L), (L, 0), (L, L)에 위치하고, 고리에는 일정한 전류 I가 시계방향으로 흐른다. 자기장은 $\vec{B}=(y/L)\hat{k}$으로 표현된다. 알짜 자기력의 방향은 어디인가?

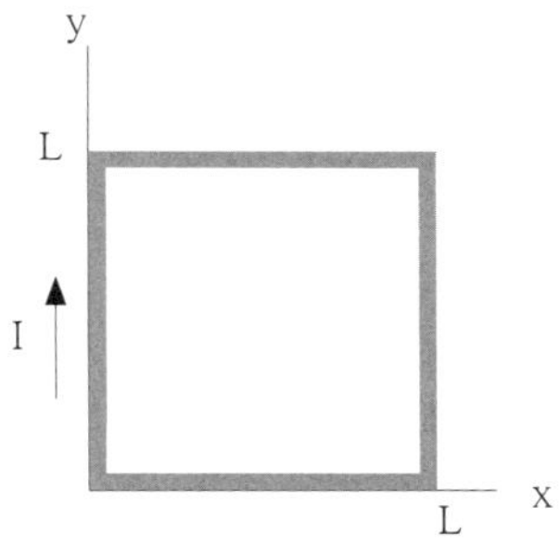

(a) $\hat{i}$

(b) $-\hat{j}$

(c) $\hat{i}-\hat{j}$

(d) 알짜힘은 0이다.

06

반지름이 R이고 일정한 전류 I가 흐르는 고리가 있다. 고리는 xy평면에 놓여있고, 그 중심은 xy평면의 원점과 같다. (R, 0, 0)에서의 전류의 방향은 $+\hat{j}$이다. 원점에서부터 z축 방향으로 z만큼 떨어져있는 점 P를 고려하자. 점 P에서의 자기장을 자기 쌍극자 모멘트 $\vec{\mu}$ 를 활용하여 표현하라.

(a) $\dfrac{\mu_0}{2\pi}\dfrac{\vec{\mu}}{(R^2+z^2)^2}$

(b) $\dfrac{\mu_0}{2}\dfrac{\vec{\mu}}{(R^2+z^2)^{3/2}}$

(c) $-\dfrac{\mu_0}{2}\dfrac{\mu}{(R^2+z^2)^{3/2}}$

(d) $\dfrac{\mu_0}{2\pi}\dfrac{\mu}{(R^2+z^2)^{3/2}}$

(e) $-\dfrac{\mu_0}{2\pi}\dfrac{\vec{\mu}}{(R^2+z^2)^{3/2}}$

07

이온이 처음엔 퍼텐셜차이에 의해 가속되다가 분리기 챔버에 들어간 후엔 이온의 경로에 수직인 방향으로 작용하는 자기장 B의 영향을 받는다. 자기장에 의해서 입자는 반원을 그리며 움직이게 되고 입구로부터 $2r$만큼 떨어진 곳에 부딪힌다.

$B = 80\,mT$, 퍼텐셜차이$=1000V$, 이온의 전하량 $q = +1.6 \times 10^{-19}$이고, $r = 0.5\,m$인 곳에 부딪힌다고 하자.

이온의 질량 m은 얼마인가?

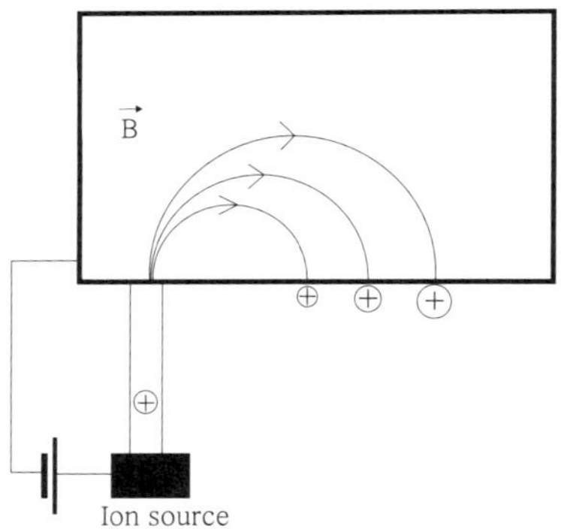

a) 3.2×10^{-26}kg,

b) 6.4×10^{-26}kg,

c) 12.8×10^{-26}kg,

d) 25.6×10^{-24}kg

e) 1.6×10^{-24}kg

08 일정한 자기장 $0.2T$이 x축 방향으로 향하고 있다. 한 변의 길이가 $20cm$인 정사각형 루프에 $5A$인 전류가 시계반대 방향으로 흐르고, 이 루프가 자기장 속에 놓여있다. 다음 중 틀린 설명을 골라라.

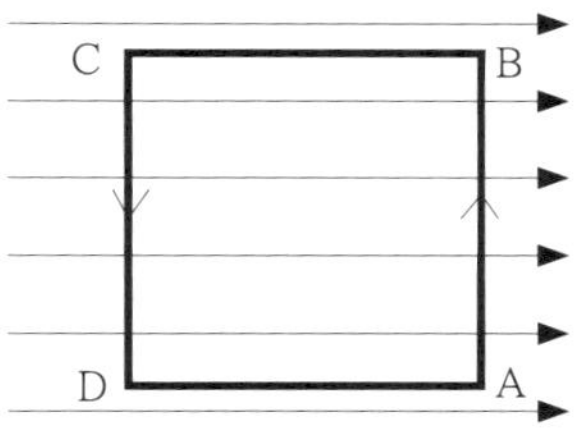

a) 자기 쌍극자의 크기는 $0.2Am^2$이고 방향은 없다.

b) 선분 AB에 작용하는 힘은 $-z$축 방향으로 $0.2N$이다.

c) 고리에 작용하는 토크는 y축 방향으로 $0.04Nm$이다.

d) 선분 CD에 작용하는 힘은 z축 방향으로 $0.2N$이다.

e) 선분 BC에 작용하는 힘은 $0N$ 이다.

09 한 쌍의 점전하 q, q' (단, $q' = -q < 0$) 가 그림에 나타난 것처럼 $v' = v$로 움직이고 있다. q, q'이 각 각 $y = b$, $x = a$에 놓여있을 때, q가 q'에 가하는 자기력을 구하라.

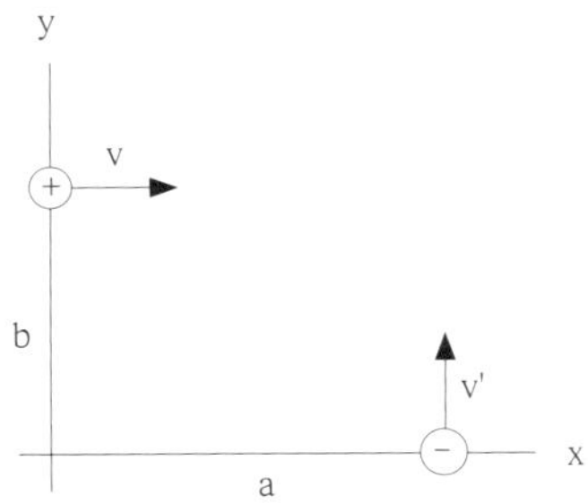

a) $\frac{\mu_0}{4\pi}\frac{aq^2v^2}{(a^2+b^2)^{3/2}}\hat{i}$

b) $-\frac{\mu_0}{4\pi}\frac{aq^2v^2}{(a^2+b^2)^{3/2}}\hat{i}$

c) $\frac{\mu_0}{4\pi}\frac{bq^2v^2}{(a^2+b^2)^{3/2}}\hat{i}$

d) $-\frac{\mu_0}{4\pi}\frac{bq^2v^2}{(a^2+b^2)^{3/2}}\hat{i}$

e) 0

10

네 개의 길고 평행한 전선에 전류 I가 흐른다. 각 전선은 전선들에 수직한 평면에 위치한 각 변의 길이가 d인 정사각형의 각 꼭짓점에 위치한다. 인접한 두 전선에 흐르는 전류의 방향이 반대라면 하나의 전선에 작용하는 단위 길이 당 힘의 크기는 얼마인가?

a) $\dfrac{\mu_0 I^2}{2\pi d}$　　b) $\dfrac{\sqrt{2}\,\mu_0 I^2}{2\pi d}$

c) $\dfrac{\mu_0 I^2}{4\pi d}$　　d) $\dfrac{\sqrt{2}\,\mu_0 I^2}{4\pi d}$

e) 0

11

다음 회로에 축전기들은 처음에 방전되어 있었다. 각 경우에 전압계에 읽힐 값은?

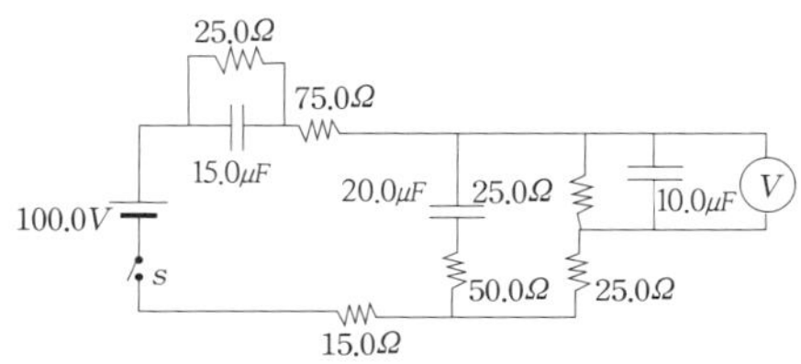

1) 스위치를 닫은 바로 직후

2) 스위치를 닫고 충분히 많은 시간이 흐른 후

12

어떤 도체는 안이 텅 빈 실린더로 이루어져 있고, 안쪽의 반지름은 a이고 바깥쪽의 반지름은 b이며, 전류 I가 흐른다.

1) 단면적을 통해 일정한 전류가 흐른다면, 각 영역에 자기장의 크기는 얼마인가?
(i) $r<a$; (ii) $a<r<b$; (iii) $r>b$.

2) 단면적에 전류밀도가 $J=kr$(단, k는 상수)라면, $a<r<b$영역의 자기장의 크기는 얼마인가?

3) 2)의 상수 k를 a, b, I를 이용하여 구하라.

CHAPTER 01 2012년 | 2학기 3차

'01 사각형 전선이 일정한 속도 v로 움직이며 자기장이 없는 영역에서 일정한 자기장 *B*가 있는 영역으로 들어간다. 다음 중 고리에 유도된 전류를 시간의 함수로 올바르게 표현한 것은?

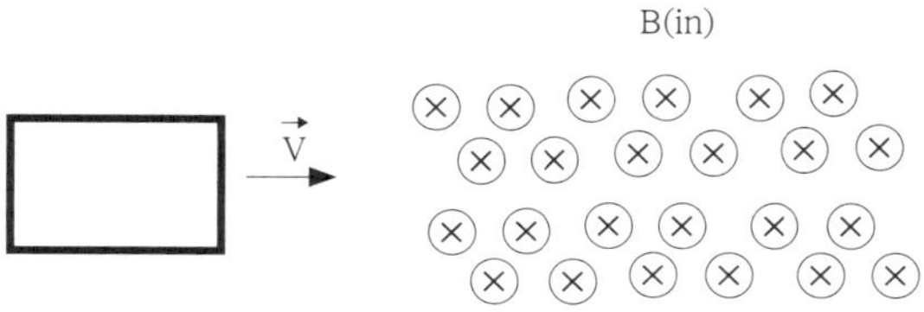

I

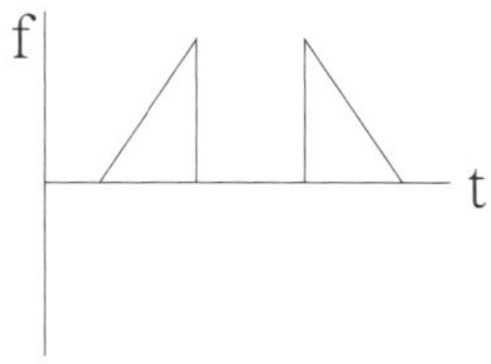

II

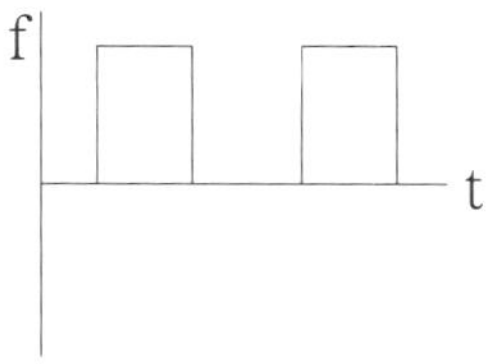

III

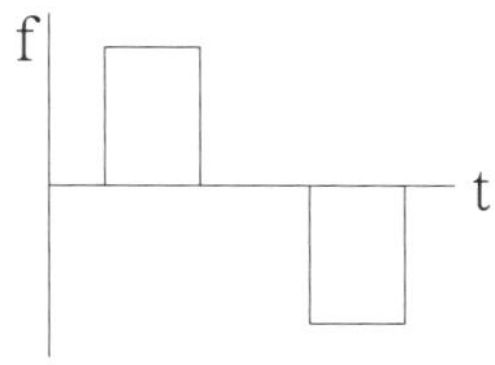

IV

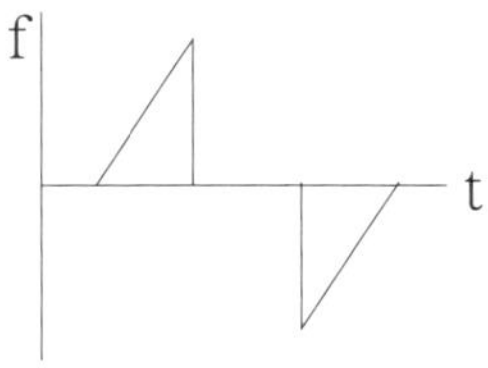

V

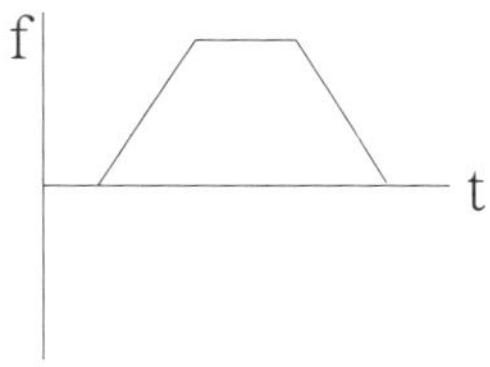

(a) I (b) II (c) III

(d) IV (e) V

02 작고 둥근 고리가 더 큰 고리 안에 놓여있고, 큰 고리는 전지와 스위치에 연결되어 있다. 렌츠의 법칙을 이용하여 작은 고리에 유도된 전류의 방향을 찾아라. 다음 중 어떤 것이 스위치가 닫힌 직후, 닫히고 충분한 시간이 흐른 후, 다시 열린 바로 직후의 경우를 올바르게 표현한 것인가?

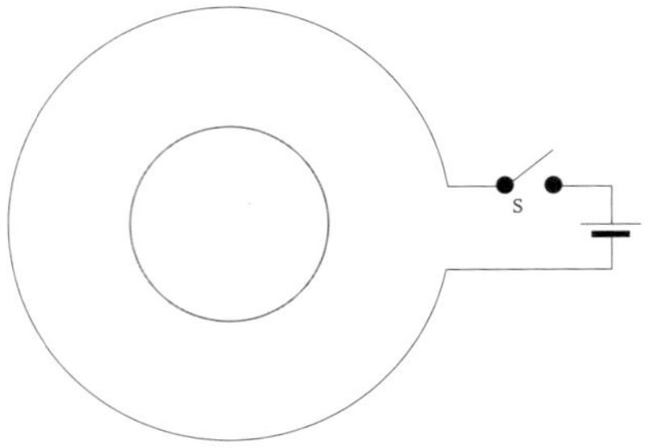

(a) 시계방향 전류, 방향의 차이가 없음, 전류가 흐르지 않음
(b) 시계방향 전류, 전류가 흐르지 않음, 시계반대방향 전류
(c) 시계반대방향 전류, 방향의 차이가 없음, 전류가 흐르지 않음
(d) 시계반대방향 전류, 전류가 흐르지 않음, 시계방향 전류
(e) 전류가 흐르지 않음 시계방향 전류, 전류가 흐르지 않음

03

반지름이 a이고 동일한 두 긴 전선에 전류 I가 흐르고 방향은 반대이다. 두 전선의 중심에서 중심사이의 거리는 d이다.(두 전선의 끝 부분에서는 하나로 연결되어서 하나의 전선이다.) 전선 내부의 플럭스는 무시하고 두 전선 사이 영역의 플럭스를 고려하자. 도선의 끝부분으로부터 멀리 떨어진 영역에서의 단위 길이당 자기 유도(self inductance)는 얼마인가?

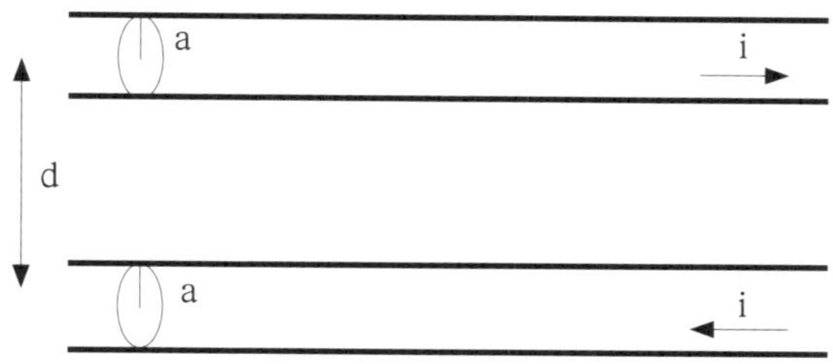

(a) $\frac{\mu_o}{\pi}\ln(\frac{d}{a}-1)$　　(b) $\frac{\mu_o}{2\pi}\ln(\frac{d}{a}-1)$

(c) $\frac{\mu_o}{\pi}\ln(\frac{a}{d}-1)$　　(d) $\frac{\mu_o}{2\pi}\ln(\frac{a}{d}-1)$

(e) $\frac{\mu_o}{2\pi}\ln(1-\frac{a}{d})$

04

전지ϵ, 인덕터 L, 저항 R으로 구성된 회로를 고려하자. 자기에너지가 포화 에너지(인덕터가 완전히 충전되었을 때)의 1/4이 되려면 얼마의 시간이 지나야 하는가?

(a) $t=\frac{\tau_L}{2}$　　(b) $t=\tau_L\ln 2$

(c) $t=\frac{\tau_L}{e}$　　(d) $t=\tau_L\ln(4/3)$

(e) $t=\frac{3}{4}\tau_L$

05

L−R−C 직렬 교류 회로에서, $R=300\Omega$, $L=60mH$, $C=0.50\mu F$, $V=100Volt$, $\omega=10{,}000rad/s$라고 가정하자. 임피던스 Z와 위상 각 ϕ를 구하라.

(a) $Z=500\Omega;\ \phi=0$

(b) $Z=500\Omega;\ \phi=\arctan(\frac{4}{3})$

(c) $Z=500\Omega;\ \phi=-\arctan(\frac{4}{3})$

(d) $Z=400\Omega;\ \phi=\arctan(\frac{5}{3})$

(e) $Z=400\Omega;\ \phi=-\arctan(\frac{5}{3})$

06

L−R−C 직렬 교류 회로가, $R=60\Omega$, $L=3mH$, $C=4mF$, 시간에 따라 변하는 기전력으로 구성되어 있고 전압은 120V일 때 피크이다. 전압에서 가장 큰 전류를 생산하기 위해서는 각진동수 ω는 얼마가 되어야 하는가?

(a) $60rad/s$　(b) $83rad/s$　(c) $204rad/s$

(d) $289rad/s$　(e) $720rad/s$

07

한 레이저가 사인형 전자기파를 P_0의 전력(power)으로 직경이 a인 빔을 방출한다. 전기장의 크기의 rms값을 구하고, 완전히 반사하는 표면에 작용하는 방사 압력을 구하라.(표면은 전파방향에 수직이다.)

(a) $\frac{1}{a}\sqrt{\frac{\mu_0 cP_0}{\pi}},\ \frac{P_0}{\pi ca^2}$　(b) $\frac{2}{a}\sqrt{\frac{\epsilon_0 cP_0}{\pi}},\ \frac{4P_0}{\pi ca^2}$

(c) $\frac{2}{a}\sqrt{\frac{\mu_0 cP_0}{\pi}},\ \frac{4P_0}{\pi ca^2}$　(d) $\frac{2}{a}\sqrt{\frac{\epsilon_0 cP_0}{\pi}},\ \frac{8P_0}{\pi ca^2}$

(e) $\frac{2}{a}\sqrt{\frac{\mu_0 cP_0}{\pi}},\ \frac{8P_0}{\pi ca^2}$

08

빛이 굴절률이 n_a인 곳에서 n_b인 곳으로 진행한다. 입사각과 굴절각은 각각 θ_a, θ_b이다. $n_a < n_b$일 때 다음 설명 중 옳은 것은?

(a) $\theta_a > \theta_b$이고 빛은 두 번째 매질로 들어가면서 속도가 빨라진다.

(b) $\theta_a > \theta_b$이고, 빛은 두 번째 매질로 들어가면서 속도가 느려진다.

(c) $\theta_a < \theta_b$이고, 빛은 두 번째 매질로 들어가면서 속도가 빨라진다.

(d) $\theta_a < \theta_b$이고, 빛은 두 번째 매질로 들어가면서 속도가 느려진다.

(e) $\theta_a > \theta_b$이고, 빛의 전파속도는 변하지 않는다.

09

빛이 굴절률이 1.5인 파이프 모양 유리 매질로 입사한다. 빛은 파이프의 위쪽 부분과 평행하게 지나간다. 파이프는 굴절률이 1.3인 물 속에 잠겨있다. 전반사가 일어나게 면 AB를 자를 때 가능한 가장 큰 $\cos\theta$를 구하라.

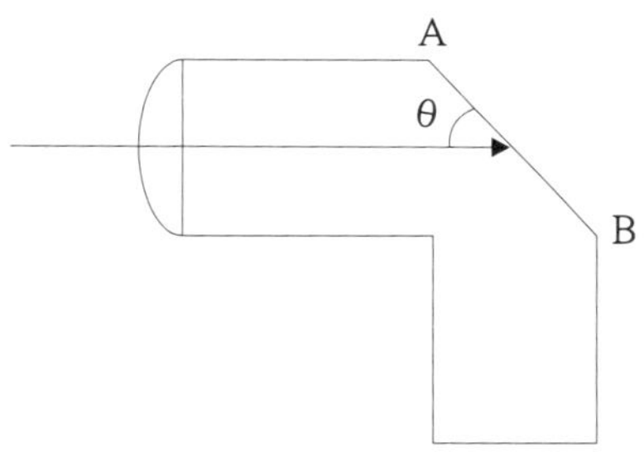

(a) 대략 0.9

(b) 대략 0.5

(c) 대략 0.3

(d) 대략 0.1

(e) 0

10

단색광이 이중 슬릿을 비추고 간섭 패턴이 멀리 떨어진 스크린에 나타난다. 이 상황에서의 몇 가지 물리량을 d=슬릿의 중앙에서 중앙으로의 거리, a=각 슬릿의 너비, D=스크린에서 슬릿까지의 거리, I=간섭 패턴에서 인접한 두검은 선 사이 간격이라고 했을 때, 빛의 파장의 표현으로 알맞은 것은?

(a) dI/D (b) aI/D

(c) da/D (d) DI/a

(e) Dd/I

11

단면적이 $0.02/\pi m^2$이고 500번 감은 구리 코일이 저항과 연결되어 있다. 회로의 총 저항은 3000Ω이다. 전자석의 극 사이에 코일을 위치시킨다. 전자석은 수직 위 방향으로 자기장을 만들며, 각 시각에 따른 자기장의 크기는 아래와 같다.

$t<0$, $B=0$

$0\le t\le 1.00s$, $B=(0.120T)\times(1-\cos\pi t)$

$t>1.00s$, $B=0.240T$

코일에의 단면적에 수직인 방과 자기장의 방향이 이루는 각은 0°이다.

1) 자기장의 그래프를 시간의 함수로 그려라.

2) 회로에 흐르는 전류를 시간의 함수로 그려라.(각 축이 무엇을 뜻하는지 표현하고 축 상에 대략적인 스케일을 표시하라.)

3) 코일에서 수직적으로 아랫방향을 바라본다면, 전류는 시계방향으로 흐르겠는가? 반시계방향으로 흐르겠는가?

12 길이가 L, 반지름이 b, 저항이 R인 실린더 모양 도선에 흐르는 전류 I를 고려하자. 전류는 단면적에 고르게 흐른다.

1) 도선의 축으로부터 거리가 b이며 도선 바로 안쪽인 지점의 전기장과 자기장의 세기를 각각 계산하라.

2) 1)에서와 같은 지점에서의 포인팅벡터의 방향과 크기를 구하라.(방향을 확실하게 표현하라.)

3) 도선의 표면으로의 에너지 흐름의 일률(power)을 구하라.

Memo

CHAPTER 02

2013년

CHAPTER 02

2013년 | 2학기 중간

01 안쪽 반지름이 a이고 바깥 반지름이 b인 도체 구 껍질이 안쪽반지름이 c, 바깥쪽 반지름이 d인 도체 구껍질의 내부에 위치하고 있다. 두 구 껍질의 중심은 같다. 작은 껍질에는 $2q$의 전하량이 있고, 큰 껍질에는 $4q$의 전하량이 있다. (단, $q>0$)

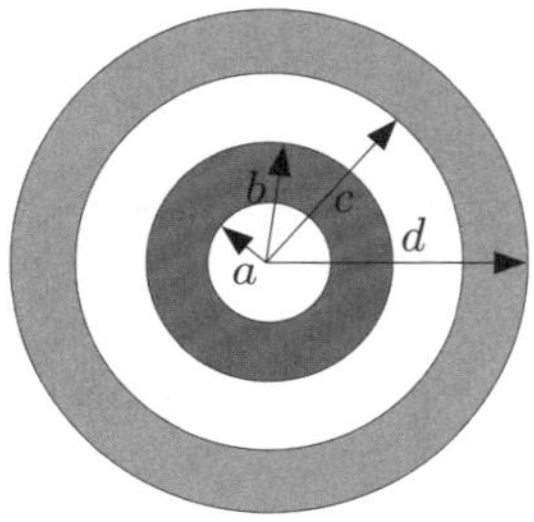

1) 각 영역에 대한 전기장을 q,r을 이용해서 구하라. r은중심에서부터 거리이다.
$r<a$, $a<r<b$, $b<r<c$, $c<r<d$, $d<r$
또한, 전기장의 r성분을 그래프로 그려서 나타내라.

2) 껍질의 각 표면에 있는 알짜 전하는 얼마인가? 즉, 안쪽 껍질의 안쪽 면, 안쪽 껍질의 바깥 면, 바깥 껍질의 안쪽 면, 바깥 껍질의 바깥 면.

02 다음 각 물음에 답하라.
$1/4\pi\epsilon_0 = 9.00\times10^9 \mathrm{N}\cdot m^2/\mathrm{C}^2$, $\epsilon_0 = 8.85 pF/m$

1) 반지름이 R인 도체 구의 축전용량을 구하라. 힌트 동심 구형 축전기에서 바깥 껍질의 반지름 R'이 ∞로 커진다면?

2) 어떤 구형 물방울이 전도성이 있는 액체이고 $1.00pF$의 축전용량을 갖고 있다면, 이 물방울의 반지름은 얼마인가?

3) 어떤 구형 물방울이 전도성이 있는 액체이고 반지름이 4.5mm이라면 축전 용량은 얼마인가?

4) 더 작은 물방울의 퍼텐셜이 100V라고 할 때 이 물방울의 전하량을 구하라.

03

$R_1=R_2=R_3=R$인 회로가 있다. 처음에 축전기는 방전되어 있었고, 스위치 S는 $t=0$일 때 닫힌다. **힌트** 축전기를 통해 흘러가는 전류는 $e^{-t/\tau}$이다. τ는 시간상수.

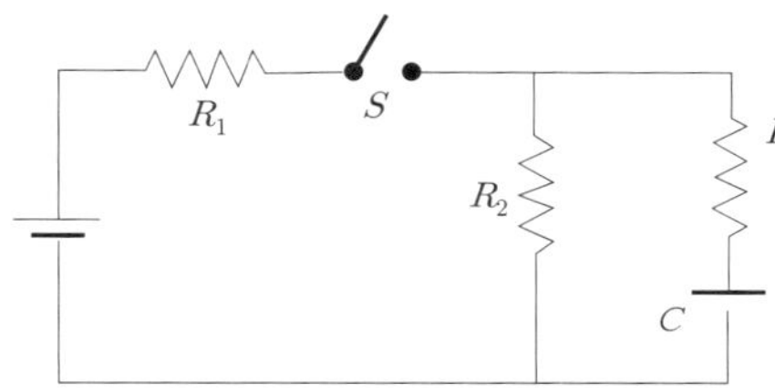

1) 스위치가 닫힌 직후, 즉 $t=0$, 각 저항을 통해 흘러가는 전류는 얼마인가?

2) 축전기가 완전히 충전되고 난 후, 각 저항을 통해 흘러가는 전류는 얼마인가?

3) 축전기에 저장된 최종 전하량은 얼마인가?

04

1) 두께가 $2d$인 무한히 넓은 도체 판이 있다. 이 도체 판에는 J의 전류밀도로 도체 판의 표면과 평행한 방향으로전류가 흐르고 있다. 이 도체 판의 중간 면으로부터의 거리 z만큼 떨어진 지점의 자기장을 구하라.

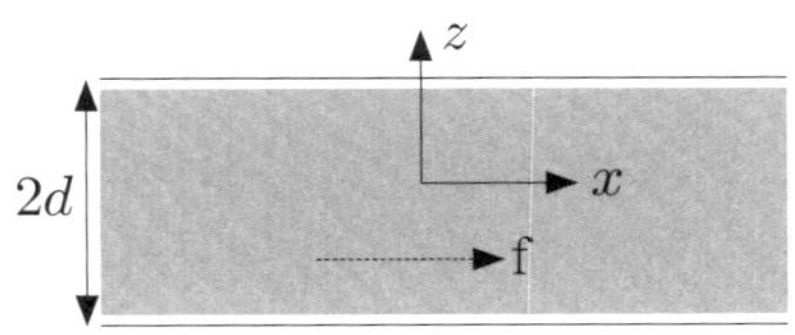

2) 액체 금속을 전달하기 위한 전자기 펌프 안에, 금속으로 채워진 파이프가 균일한 자기장 속에 그림처럼 위치하고 있다. 전류 I가 이 파이프를 통해 흘러가고 그 방향은 자기장과, 파이프의 축에 동시에 수직이다. 전류 I는 두가지 성분으로 구성된다. 액체 금속을 지나가는 성분 I_F 파이프의 겉 부분을 지나가는 I_S .

$B=1.0T$, $I_F=100A$, $I_S=10A$, $a=2.0$, $b=5.0cm$라고 할 때, 펌프의 압력을 구하라.

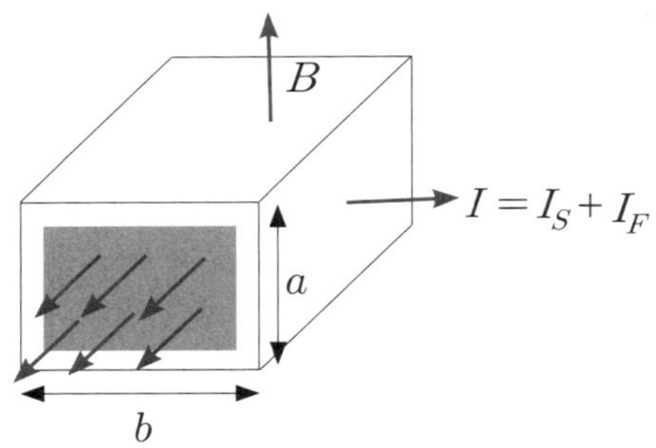

05

1) 넓이가 A이고, 서로 d만큼 떨어진 두 평행판으로 이루어진 축전기가 있다. 두 판 사이에 두께가 a인 금속 슬랩(slab)이 그림과 같이 있고, 이 슬랩은 두 평행판과 닿지 않는다. 이 축전기의 축전용량은 얼마인가? 힌트 : 슬랩이 없을 때, $C=\epsilon_0 \dfrac{A}{d}$

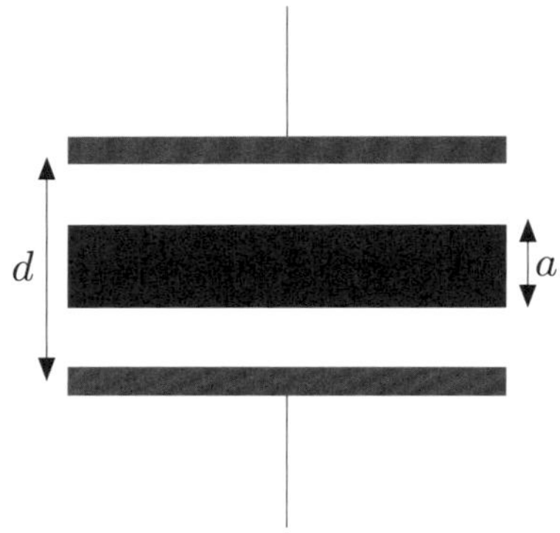

2) 금속 받침대 위에 길이가 50cm이고, 질량이 500g인 금속 막대가 놓여있다. 25Ω 짜리 저항과 전지로 구성된 회로가 각 받침대 부분에 연결되어있다. 전압을 점점 높이다보면 어느 순간이 되면 막대가 받침대로부터 이탈할 것이다. 막대가 이탈하지 않는 전지의 최대 전압을 구하라

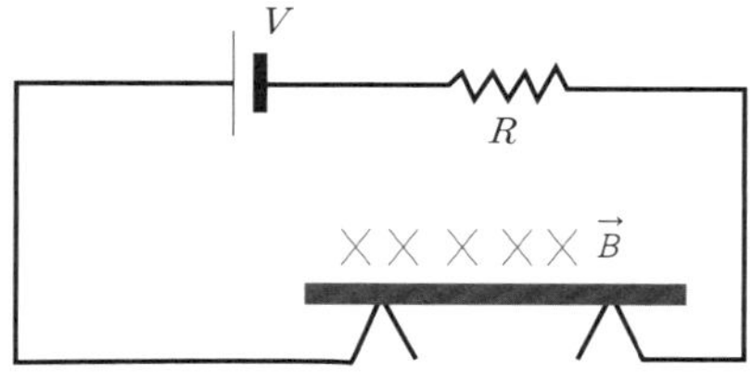

CHAPTER 02

2013년 | 2학기 기말

01

어느 긴 솔레노이드의 단위길이 당 감은수가 n, 단면적이 $4.0cm^2$이고, 전류가 $100A/s$로 증가하고 있다.
(단, $\mu_0=12.5\times10^{-7}N\cdot A^{-2}$로 계산하라.)

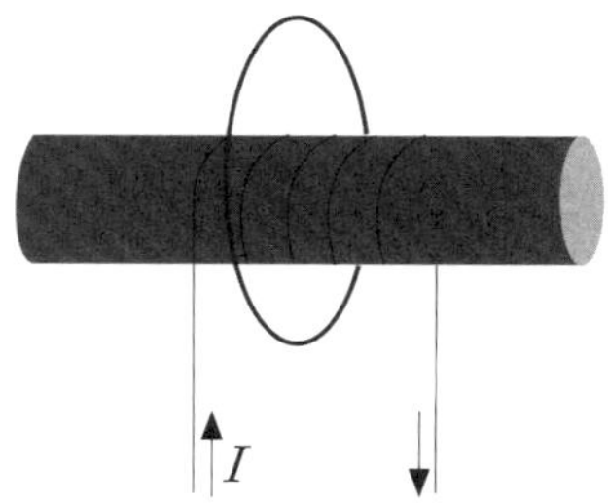

1) 솔레노이드 밖 도선에 유도된 기전력의 크기를 구하라. 솔레노이드의 중심축은 바깥 고리의 중심축과 같다.

2) 고리의 반지름이 $2.0m$일 때, 고리에 유도된 전기장의 크기를 구하라. 솔레노이드에는 시계방향으로 전류가 흐르고 있다. 전류에 방향에 대해 유도 전기장의 방향은 어떠한가? 같은가? 반대방향인가?

02

점 광원 S에서 나온 빛이 거울에 $\frac{\pi}{2}-\beta$ (라디안)의 각으로 입사한다. β는 매우작은 값이고 빛은 반사하여 오른쪽 스크린에서 간섭 패턴을 형성한다.

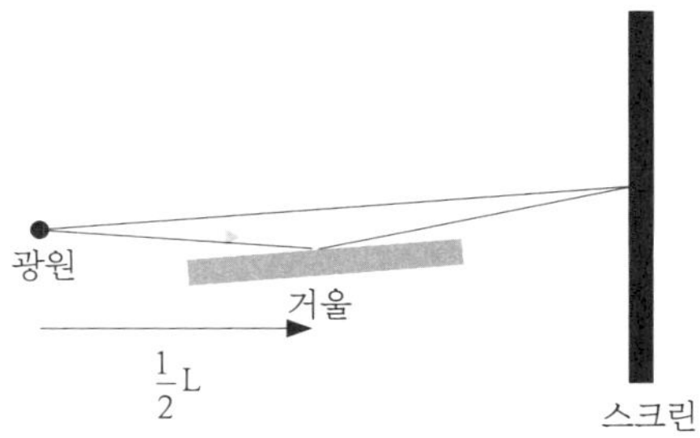

1) 간섭 패턴의 간격 Δy를 β, λ(파장), L(스크린과 광원의 거리)를 가지고 구하라. 거울은 광원과 스크린 중간 지점에 있다고 가정하라.

2) $\alpha=\beta$이고, 거울이 수평으로 놓여져 있다고 가정하자. 검은 패턴이 $y=0$, 즉 스크린의 높이와 같은 곳에 형성되기 위한 각 α를 구하라

03

다섯 개의 전압계와 하나의 전류계가 그림과 같이 연결되어있고, 이 기계들은 rms 값을 측정한다.

$R=200\Omega$, $L=1.00H$, $C=20.0\mu F$, $V_{rms}=110V$ 일 때, $\omega=100rad/s$라면, 각 기계에 표시되는 값은 얼마인가?

($\sqrt{5}$ = 2.20으로계산하라.)

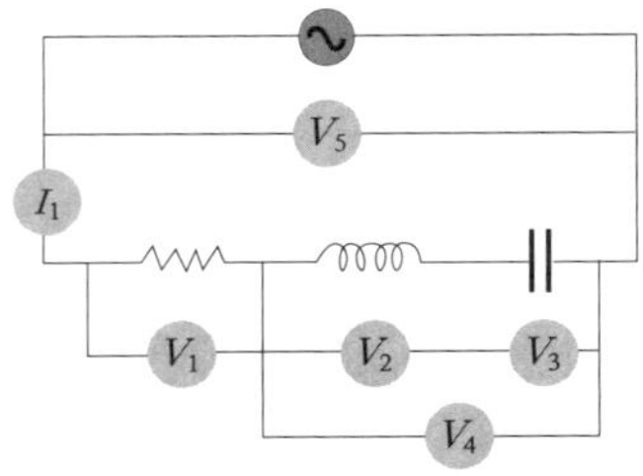

04

5.00eV인 광자가 어떤 금속을 때렸을 때 튀어나오는 광전자의 최대 운동에너지는 3.50eV이다. 이 금속을 어떤 파장의 광자가 때렸더니 튀어나온 광전자들 중 최대 운동에너지를 가진 광전자의 운동에너지가 1.00eV이다.

$hc=1.24\times10-6\text{eV}\cdot\text{m}$, $c=3.00\times108\text{m/s}$

1) 이 빛의 파장은 얼마인가?

2) 위 파장의 빛이 0.0496mm 크기의 슬릿으로 입사해서, 슬릿으로부터 1.00m 떨어진 스크린에 회절 무늬(pattern)를 만든다. 회절무늬의 중심에서부터 첫 번째로 가장 어두운 무늬까지의 거리는 얼마인가?

05

1) 전자기파(A plane sinusoidal EM wave)의 전기장의 진폭을 E_m이라고 하자. 이 전자기파가 완전 반사 표면(넓이 A)에 수직으로 입사할 때 가하는 힘의 평균값을 구하라.

2) 편광된 빛이 편광판을 지나간다. 빛의 편광 방향과 필터의 편광축이 이루는 각이 θ일 때, 나오는 빛의 세기가 I이다. 빛의 세기가 $I/3$이 되게 하려면 편광판과 빛의 각은 어떻게 되어야 하는가?(θ로 표현하라)

CHAPTER 03

2014년

CHAPTER 03

2014년 | 1학기 1차

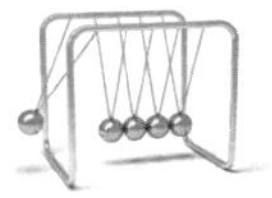

01 끈으로 연결된 네 개의 블록이 마찰없는 바닥에서 힘 F에 의해 잡아당겨지고 있다.

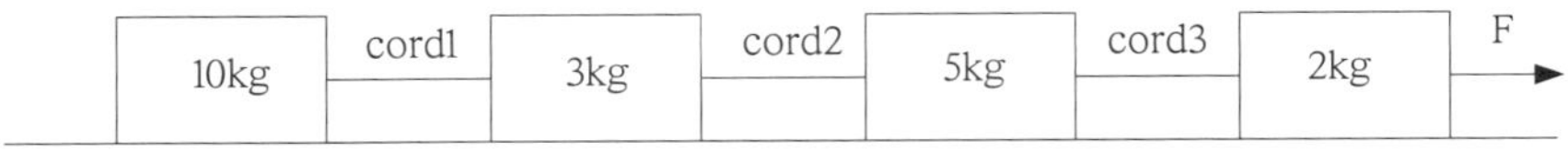

(a) 힘 F에 의해 가속받고 있는 총 질량을 구하시오.

(b) 3번 끈(cord)에 의해 가속받고 있는 총 질량을 구하시오.

(c) 1번 끈(cord)에 의해 가속받고 있는 총 질량을 구하시오.

(d) 가장 크게 가속을 받고 있는 블록부터 순서대로 나열하시오.

(e) 가장 큰 장력이 걸리는 끈부터 순서대로 나열하시오.

02 그림과 같이 탁자위에 블록들이 놓여져있다. 블록 A의 질량은 10kg이고, 블록 B의 질량은 20kg이다. B와 탁자 사이의 마찰은 없고 A와 B 사이의 정지마찰계수는 0.80이다. 질량을 무시할 수 있을만한 끈으로 질량이 m_c인 블록 C와 B는 연결돼있다. 중력가속도 $g=10m/s^2$이다.

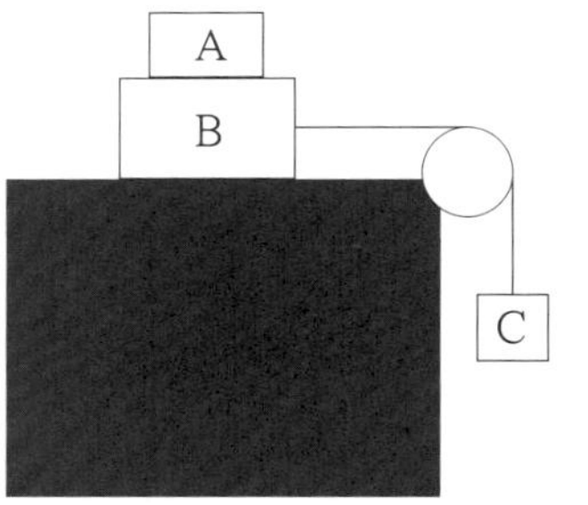

(a) C가 떨어지기 시작했을 때 A의 최대 가속도를 구하시오.

(b) A가 B 위에서 미끄러지지 않을 때, 가능한 C의 최대 질량을 구하시오.

03

마찰이 없는 매끈한 바닥위에 질량 m인 블록이 놓여져 있고, 용수철 상수가 k인 용수철에 연결돼 있다. 용수철이 늘어나거나 줄어들지 않은 상태에서 블록이 오른쪽으로 v_1의 속도로 움직이기 시작했다. 중력가속도는 g이다.

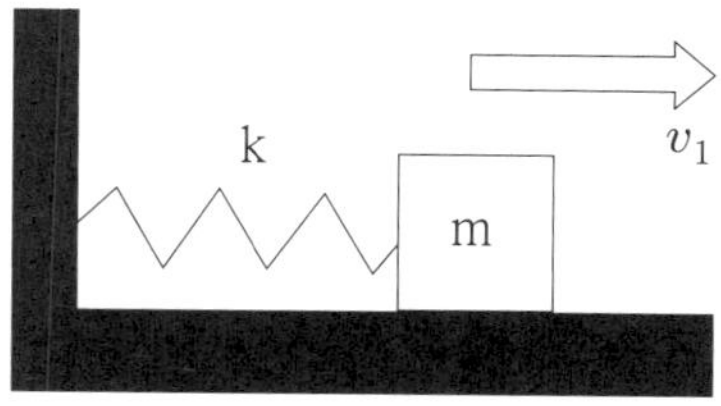

(a) 스프링이 최대로 늘어날 수 있는 거리 d를 구하시오.

(b) 바닥면이 거칠어져서 운동마찰계수 μ_k가 생겼다고 했을때, 스프링이 최대로 늘어날 수 있는 거리 d를 구하시오.

04

2kg의 블록이 용수철 상수 k=200N/m인 용수철에 닿아있다. 블록을 용수철 쪽으로 밀어 0.4m 만큼 압축시킨뒤 손을 놓았을 때, 블록은 용수철의 반대방향으로 밀려나서 v_B라는 속력을 가진채 원형궤도를 타고 올라가기 시작한다. (원의 반지름은 R이고, 수평 바닥면과 블록 사이의 마찰은 무시한다)

(a) v_B의 값을 구하시오.

(b) 원형궤도의 꼭대기점에서 블록의 속력은 v_T=2m/s이다. 점 A에서부터 점 B까지 원형궤도 바닥면의 마찰이 한 일을 구하시오. (중력가속도는 10m/s^2 이다.)

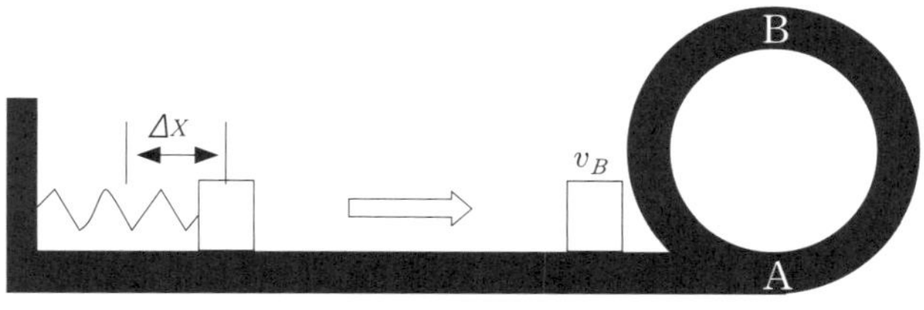

05 탁자 위에 있던 질량 0.25kg의 블록이 움직여서, 정지해 있는 블록 B와 탄성충돌을 했다. 충돌 이후 튕겨져 나간 A는 탁자로 부터 2d만큼 떨어진곳으로 날아갔고, B는 d만큼 떨어진곳으로 날아갔다. B의 질량을 구하시오.

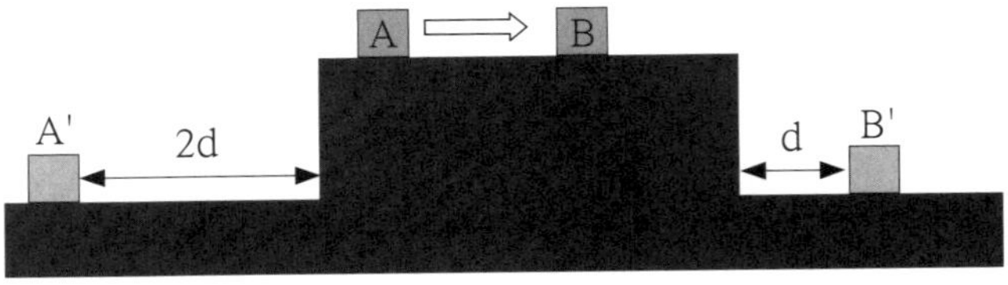

CHAPTER 03 2014년 | 1학기 2차

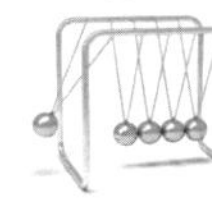

01 질량이 8kg이고 반지름이 1m인 고체 도르래에 줄이 걸려있다. 줄의 무게는 무시할 수 있고, 늘어나거나 줄어나지 않으며 양쪽 끝에 블록이 매달려 있다. 한 블록은 $m_1=4\text{kg}$이고, 다른 하나는 $m_2=2\text{kg}$이다. m_1이 바닥으로부터 25미터 높이에 있다가 떨어지기 시작한다. 이때 떨어지는 블록이 바닥에 닿기 직전의 속력을 구하시오. (중력가속도 $g=10\text{m}/s^2$이고, 고체 실린더의 관성모멘트는 $\frac{1}{2}MR^2$이다. 도르래는 중심축과 마찰없이 회전하고, 도르래에 걸려있는 줄은 미끄러지지 않는다고 가정한다.)

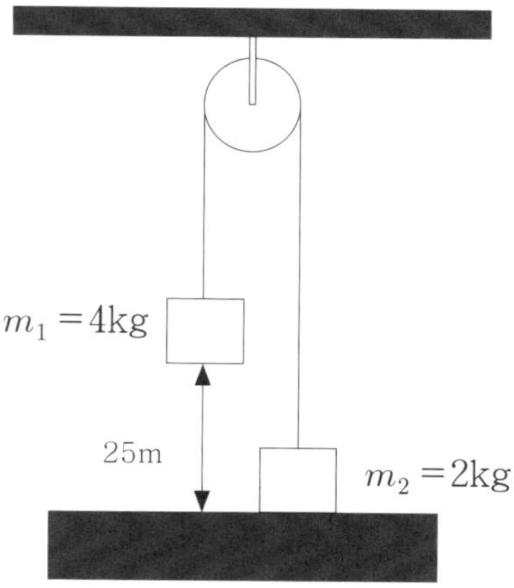

02 질량이 M이고 반지름이 R인 균일한 공의 적도부분에 줄이 감겨져 있다. 줄의 질량은 무시할 수 있고 길이가 늘어나거나 줄어들지 않는다. 줄의 한쪽끝은 천장에 고정되어 있는데, 잡고 있던 공을 놓으면 줄이 풀리면서 공이 회전하며 떨어지기 시작한다.

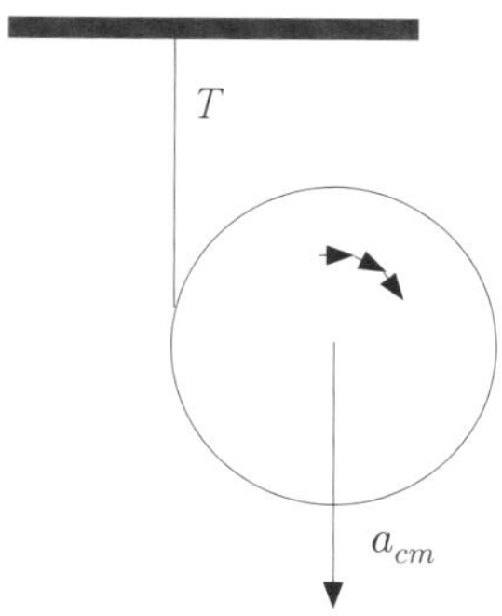

(a) 공의 질량중심의 아랫방향 가속도 a_{cm}을 구하시오.

(b) 줄에 걸리는 장력 T를 구하시오.

(c) h만큼 떨어졌을 때 공의질량중심 속도 v_{cm}을 구하시오.
(중력가속도 g는 상수고, 공기저항은 무시하라)

03

그림과 같이, 길이 3m의 다이빙 보드의 1m 지점이 지지돼 있고, 한쪽 끝에는 무게가 500N인 사람이 서 있다. 다이빙 보드는 균일한 단면적을 갖고 있고 무게는 280N이다.

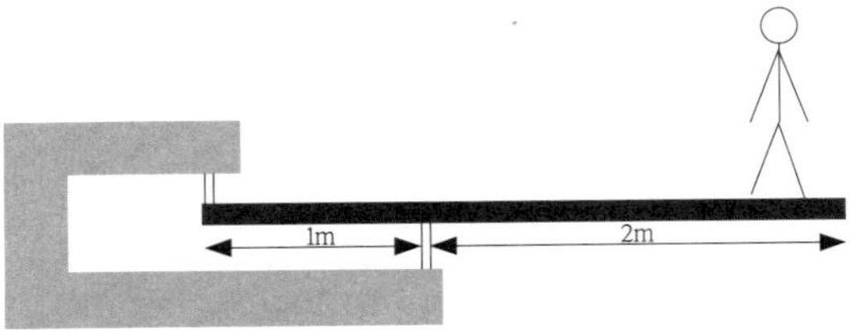

(a) 두가지 평형 조건을 쓰시오.

(b) 다이빙보드에 대한 자유물체도를 그리시오.

(c) 지지되는 지점에 걸리는 힘과, 왼쪽 끝에 걸리는 힘을 구=하시오.

04

원통형의 물탱크 측면에, 반지름이 r인 조그만 원형 구멍이 생겼다. 물탱크의 반지름은 R이다. 물탱크에 담긴물의 높이를 H라고 하고, 구멍이 생긴 위치는 수면으로부터 h 만큼 떨어져있다. 물탱크의 반지름 R은 구멍반지름 r 보다 매우 크다.

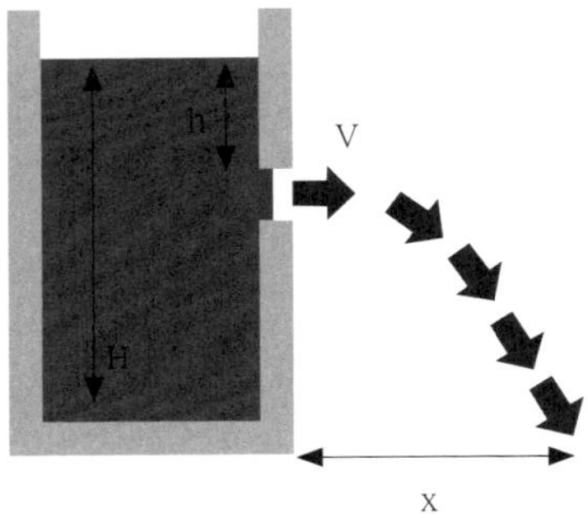

(a) 수면의 높이가 내려가는 속도를 v_0, 구멍에서 물이 나가는 속도를 v라 할 때, $v_0 \ll v$ 임을 보이시오.

(b) 구멍에서 나간 물이 땅에 닿을때까지 뻗어나가는 거리 x를 H와 h에 대한 식으로 나타내시오.

(c) x가 최대가 되게 하는 h를 구하시오.

05

질량이 m과 4m인 점입자가 x축 위에 놓여있다. m은 원점에 위치하고, 4m은 $x=L>0$인 위치에 존재한다. 그리고 질량 M인 점입자가 x축 위로 움직이고 있다.

(a) M에 대하여 m과 4m에 의한 힘이 0이 되는 지점을 구하시오.

(b) 오른쪽을 양수로 잡고, M에 대해 m과 4m에 의한 알짜힘을 그리시오. ($x<0$, $0<x<L$, $L<x$인 영역에 대해 각각 고려하시오.)

CHAPTER 03

2014년 | 1학기 3차

01

질량이 m인 위성이 질량이 M인 지구 주위로 타원궤도를 돌고 있다. 타원궤도에서 지구와 가장 가까운쪽(P) 거리는 r_1이고, 가장 먼 쪽(A) 길이는 r_2이다. $M \gg m$이라고 가정한다.

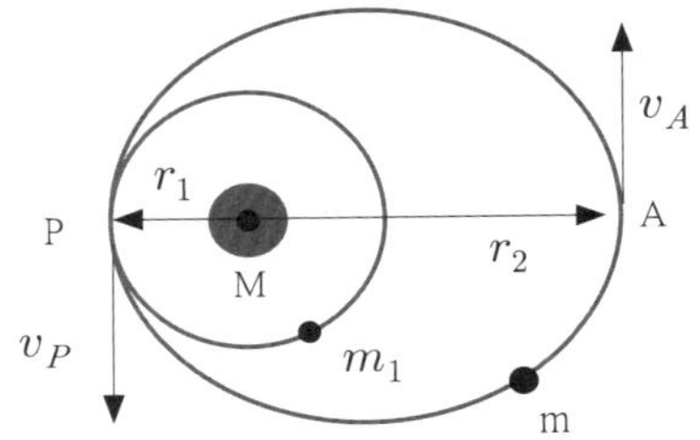

(a) 위성이 A에 있을 때 속력 v_A를 v_P의 식(P에서의 속력)을 이용하여 구하시오.

(b) 위성의 총 에너지를 r_1, r_2, m, M, 그리고 중력상수 G에 대해 표현하시오.

(c) 질량이 m_1인 또다른 위성이 반지름 r_1인 원형궤도를 속력 v_1으로 돌기 시작했다. v_P와 v_1중 어느쪽이 더 큰지 답하시오.

02

질량이 m인 블록에 용수철을 연결해 천장에 매달아 뒀다. 용수철이 늘어나지 않게끔 손으로 잡고 있다가 용수철을 놓았을때, 용수철을 놓기 전 기준높이 y_i에서 d 만큼 내려갔다 올라오는 식으로 진동하기 시작한다. 공기 마찰과 용수철의 질량은 무시하고, 중력가속도는 g이다.

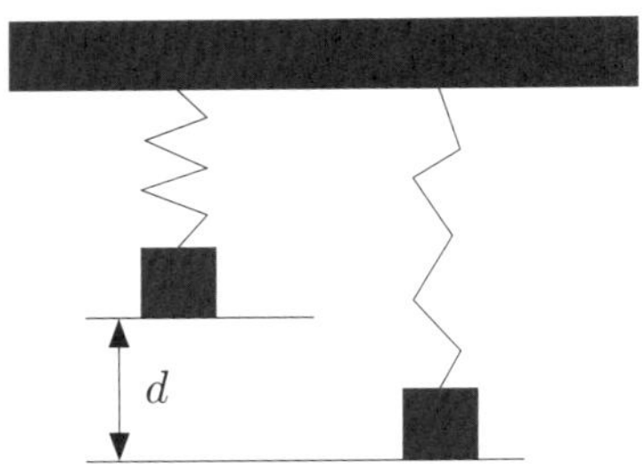

(a) 진동의 진동수를 구하시오.

(b) 기준높이에서 0.8d 만큼 내려와있을 때 블록의 속도를 구하시오.

(c) 기존 블록에 질량 M을 덧붙일 경우, 블록이 절반의 진동수로 진동하기 시작했다. 이때 M을 붙이기 전 m의 값을 구하시오.

(d) M을 덧붙였을 때, 기준높이 y_i와 새로운 평형위치는 얼마만큼 떨어져 있는지 구하시오.

03

x축 위에 줄이 놓여져있고, 왼쪽끝은 벽면(x=0)에 고정되어 있다. 다른 한쪽끝을 잡고 흔들었을 때, 입사파동 $y_1(x, y)=A\cos(kx+wt)$은 +x축의 왼쪽으로 움직여 벽에 부딪힌 뒤 반사되어 나온다. (에너지 손실은 없다고 가정한다)

(a) 반사되는 파동의 방정식을 구하시오.

(b) 입사파와 반사파로 만들어지는 정상파의 방정식을 구하시오.

(c) 마디(node)의 위치들을 구하시오

04

(a) 그림과 같이 블록이 올라가 있는 막대가 두 줄 A와 B로 천장과 연결돼있다. 각 줄은 1m 길이에 10g의 질량을 갖고 있다. A와 B에 걸리는 장력은 각각 100N와 144N이다. 두 줄이 각각의 기음(fundamental)에 해당되는 진동수로 진동한다고 할 때 만들어지는 맥놀이 주파수를 계산하시오.

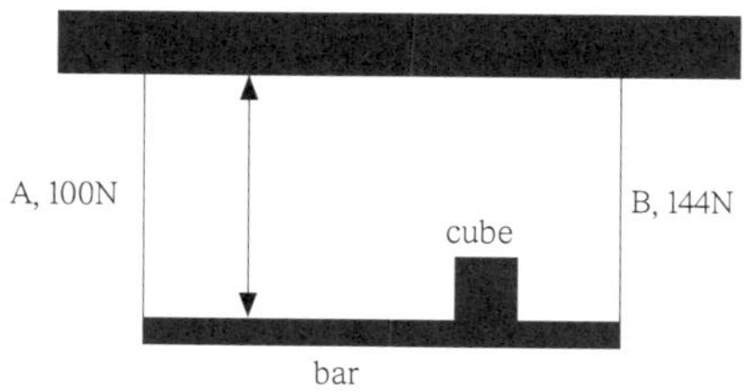

(b) 배의 음파탐지기 시스템은 15kHz 의 음원을 사용한다. 물속에서 소리의 전달속도는 1500m/s이다. 음원에서 나가는 진동수와, 배를 향하여 5m/s로 움직이는 고래에게 부딪혀 나온 파동의 진동수 사이의 차이를 구하시오. (배는 물 위에 가만히 있다고 가정하고, $a \ll 1$ 일 때 $(1+a)/(1-a) \approx 1+2a$ 임을 이용하라)

05

이상기체 상수 R=10J/(mol*K) 이라고 하고, 볼츠만 상수 $k_B=R/N_A=2*10^{-23}$J/K, 아보가드로 수 $N_A=5*10^{23}$이라 하자.

(a) 섭씨 27도에서 10^5Pa의 압력을 가진 1몰의 기체가 담긴 상자의 부피를 구하시오.

(b) 섭씨 27도에서 부피 4m*6m*3m의 방에 담겨진 기체의 압력이 10^5Pa 일 때, 기체 분자의 개수를 추정하시오.

(c) (b)에서 구한값을 몰수로 나타내시오.

(d) (b)에서 구한 기체의 부피는 어느정도일지 계산하시오.

(e) 공기의 무게를 대략적으로 계산하시오. **힌트** 공기의 몰질량 M은 0.030kg 이다.

CHAPTER 03

2014년 | 2학기 1차

01 반지름이 a인 반원 모양의 절연체가 있다. 이 절연체는 xy평면의 1, 2사분면에 걸쳐서 있다. 왼쪽 절반에는 $+Q$의 전하가 균일하게 분포되어있고, 오른쪽 절반에는 $-Q$의 전하가 균일하게 분포되어있다. 원점에서의 알짜 전기장의 크기와 방향을 구하라. (단, $Q>0$)

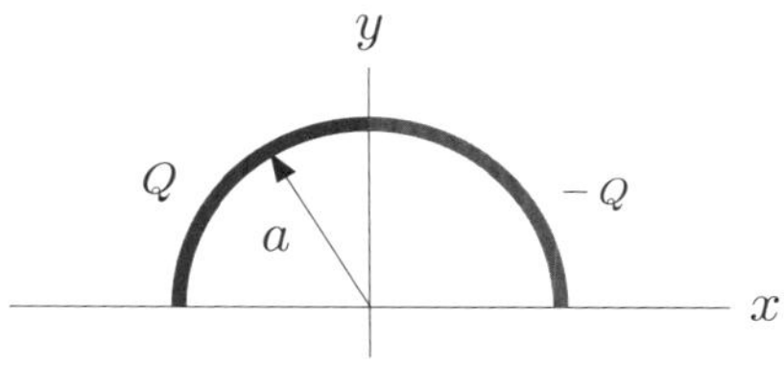

02 안쪽 반지름이 b이고 바깥 반지름이 c인 구형 도체껍질이 있고 그 중심에 반지름이 a인 절연체 고체 구가 위치한다. 도체껍질에는 $-Q/2$의 알짜 전하가 있고 절연체 구에는 Q의 전하가 고르게 분포하고 있다.

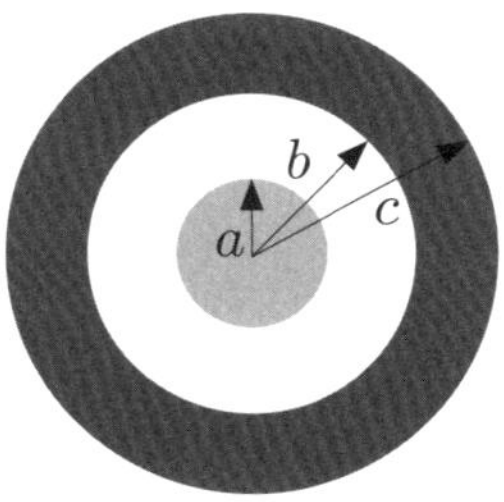

1) 다음 각 영역에 대해 전기장의 크기를 구하라.
$r<a$, $a<r<b$, $b<r<c$, $c<r$ (r은 중심으로부터 거리)

2) 도체 껍질의 안쪽 면과 바깥쪽 면에 있는 알짜 면 전하 밀도를 구하라.

03

길이가 16.0m인 실린더 형 축전기의 안쪽과 바깥쪽 도체 사이의 퍼텐셜 차이가 4.0V이고 $3.2\times10^{-9}J$의 에너지를 저장하고 있다. 실린더 사이 공간은 진공이다. ($4\pi\epsilon_0=1.0\times10^{-10}C^2/N\cdot m^2$으로 두고 계산하라.)

1) 안쪽과 바깥쪽 도체에 있는 알짜 전하는 각각 얼마인가?

2) 안쪽과 바깥쪽 도체의 반지름의 비는 얼마인가?

04

반지름이 a인 금속 구가 반지름이 b인 얇은 금속 구껍질의 중심에 위치한다. 안쪽 구에는 $+q$의 전하가 있으며, 바깥 껍질에는 $-Q$의 전하가 있다. (단, q, $Q>0$이며 $a<b$이다.)

1) 각 영역에서의 퍼텐셜을 구하라. (단, $V(\infty)=0$)
   i) $r<a$, ii) $a<r<b$, iii) $r>b$

2) 바깥 껍질에 대한 안쪽 구의 퍼텐셜을 계산하라

05

다음 회로 그림에서 각 저항에 흐르는 전류를 결정하라. 또한, 70Ω 저항에 걸리는 전압을 구하라.

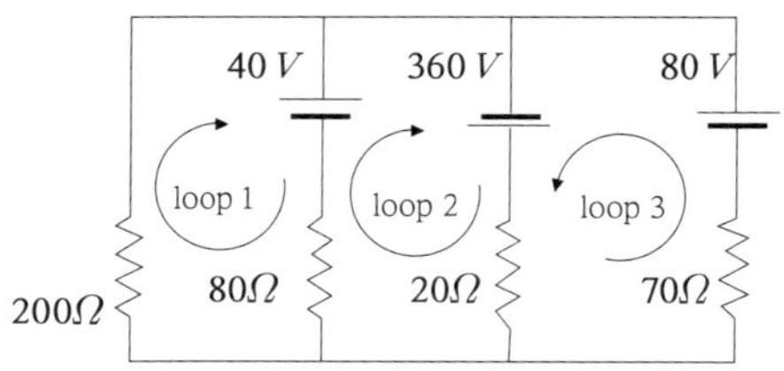

CHAPTER 03

2014년 | 2학기 2차

01

아래 그림에는 z축 방향으로 균일한 자기장이 있다. 도선에 전류는 왼쪽으로 흐르고 도선은 세 부분으로 나뉜다. (a) 길이가 L이고 xy평면에 수직인 선분 (b) 반지름이 R인 반원 (c) 길이가 L이고 x축에 평행한 부분. 도선에 작용하는 총 자기력을 구하라. $\left(\hat{x}\times\hat{y}=\hat{z}\right)$

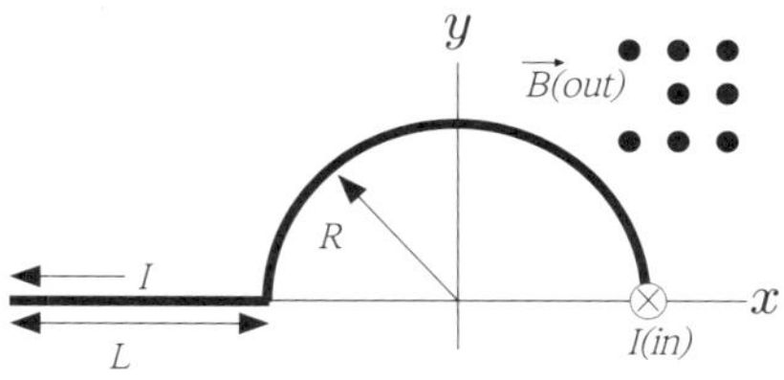

02

아래 그림의 회로에서 스위치 S_1가 닫히고 오랜시간이 흐른 후 전류는 $3.50A$가 되었다. 이후, S_2를 닫음과 동시에 S_1은 열었다.

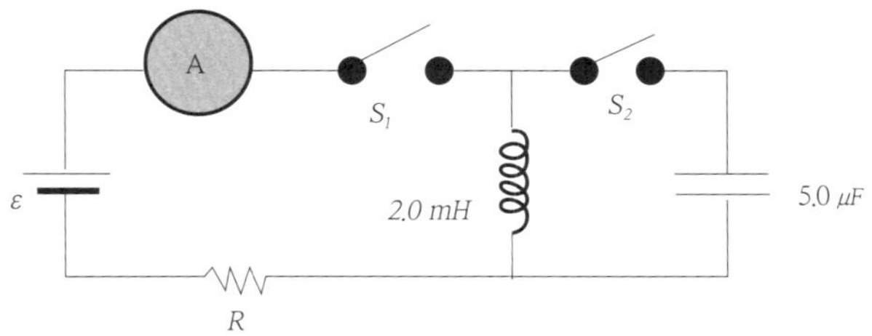

1) 축전기에 쌓일 전하의 최댓값은 얼마인가?

2) 그 시간에 인덕터에 흐르는 전류는 얼마인가?

3) 축전기에 최대의 전하가 저장이 되려면 S_2를 닫은 후 얼마의 시간이 지나야 하는가?

03

자기장은 평면에 수직인 방향으로 있다. 자기장은 반지름이 R인 원 모양의 영역 내부에서 균일하고, 이 영역 밖에서는 0이다. 자기장의 방향은 고정되어 있고 자기장의 변화율은 양수이다.

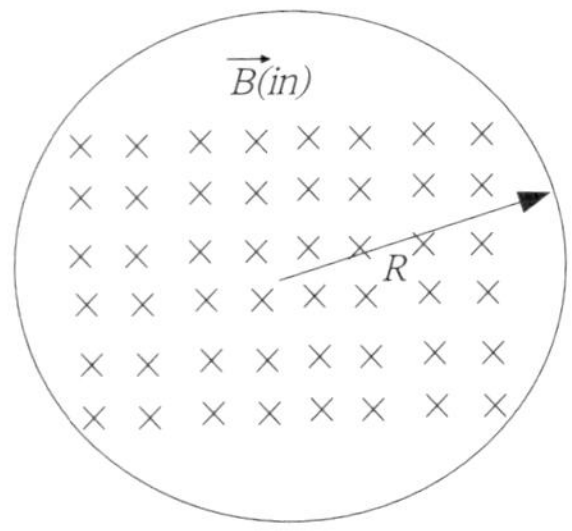

1) r은 원의 중심에서 부터의 거리이다. $r<R$, $r>R$의 영역에서의 유도 전기장의 크기와 방향을 구하라.

2) 전기장의 크기를 r의 함수로 그려라.

04

반지름이 R인 긴 실린더 형 도체에 반지름이 a인 실린더 모양의 구멍이 있다. 구멍의 축과 도체의 축은 평행하고 b만큼 떨어져 있다. 두 실린더의 중심은 x축위에 있다. 전류 I가 도체 내부에 균일하게 분포되어 있다. 전류의 방향은 평면에서 들어가는 방향이다.

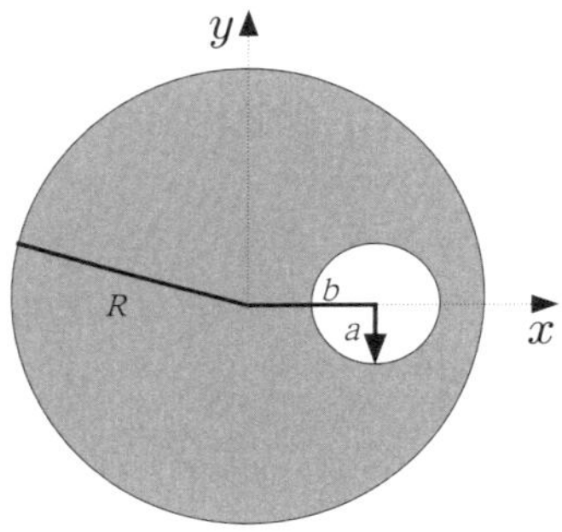

1) 앙페르 법칙을 적어라.

2) 앙페르 법칙과 자기장의 중첩원리를 사용하여 구멍의 중심에서의 자기장의 크기를 구하라.

3) 자기장은 구멍 내부에서 균일함을 보여라.

05

I의 전류가 흐르는 길고 곧은 도선 주변에 너비가 w이고 길이가 L인 직사각형 모양의 고리가 있다. 고리의 총 저항은 R이다.

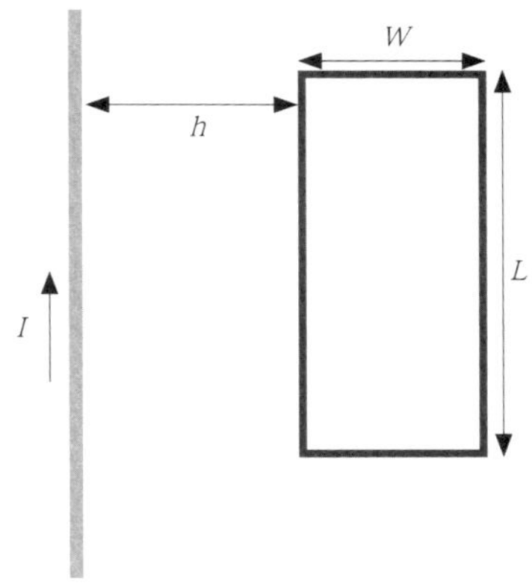

1) 고리를 지나가는 총 자기 플럭스(flux)를 구하라.

2) 전류가 $I=a+bt$, (a,b는 양의 상수)라고 할 때, 고리에 유도되는 기전력을 구하라.

3) 고리에 유도되는 전류의 방향은 어떠한가?

4) 고리에 작용하는 자기력의 방향과 크기는 얼마인가?

CHAPTER 03

2014년 | 2학기 3차

01

다음과 같이 주어진 포인팅 벡터의 전기장은 y축방향으로 진동한다고 한다.

$\vec{S}(x,t)=(100\mathrm{W}/m^2)\hat{i}\ \cos^2[(10m^{-1})x-(3\times10^9 rad/s)t]$

다음 물음에 답하라.

$\mu_0=4\pi\times10^{-7}\mathrm{T\cdot m/A}$, $c=3\times10^8\mathrm{m/s}$

1) 전자기파의 전파(propagation) 방향은 어디인가?

2) 파장과 주파수를 구하라.

3) 전기장과 자기장을 구하라.

02

어느 축전기가 30Ω짜리 저항, 200V(rms)의 AC전원과 연결되어있다. 축전기의 리액턴스는 40Ω이라고 한다.

1) 위 회로의 rms 전류를 구하라.

2) 전류와 공급 전압의 위상차이를 구하라.

3) 회로에서의 전력 손실을 구하라.

03

x축 방향으로 진행중인 전자기파가 있다. 이 전자기파는 평면파이며, 전기장은 $\vec{E}(x,t)=E_m\cos(kx-\omega t)\hat{j}$으로 주어진다. 광속은 $c=3\times10^8 m/s$이다.

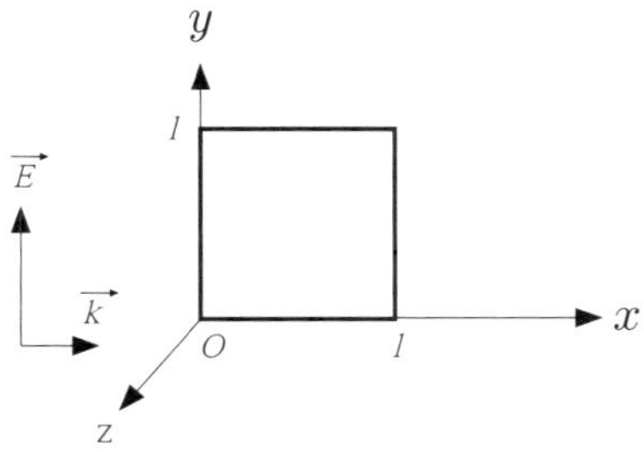

1) 이 전자기파의 자기장을 E_m을 사용해서 표현하라.

2) 이 전자기파가 한 변의 길이가 l인 정사각형 도선에 기전력을 유도하고, 도선의 지향은 그림과 같다.
$E_m=50mV/m$, $f=100MHz$, $l=0.5m$일 때, $\varepsilon_{ind}(t)$를 구하라.

04

세 개의 편광판이 다음 그림과 같이 배열되어 있다. 첫 번 째 편광판은 수직 방향으로 편광시키고, 두 번째 편광판은 45°, 세 번째 편광판은 수평방향으로 편광시킨다. 비편광 빛이 $1000W/m^2$의 세기로 입사할때, 세 편광판을 통과한 후 전달되는 세기는 얼마인가?

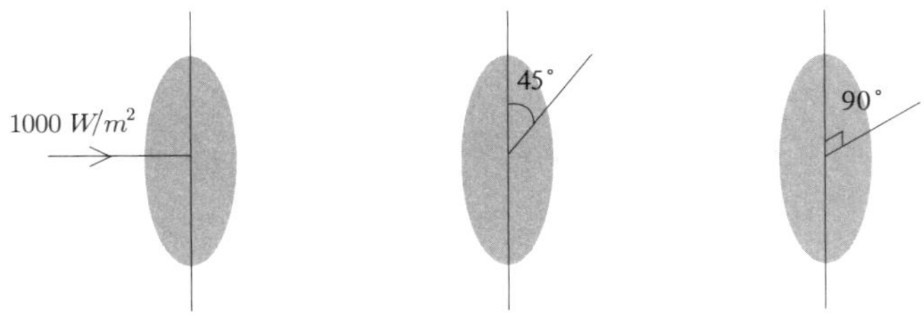

05 평평한 유리판 두 개가 테이블 위에 한 판이 다른 판 위에 쌓인 형식으로 놓여 있다. 각 판의 길이는 10.0cm이고 굴절률은 1.55이다. 매우 얇은 금속 호일이 두 판 사이 끝부분에 살짝 끼워서 두 유리판 사이에 공간이 생기게 만든다. 유리판을 위에서 보게 되면 입사한 백색광의 400.0nm 파장의 보라색 빛이 두 유리판이 닿아 있는 선에서 1.2mm 떨어진 곳에 강화되어 나타난 것을 보게 된다. 그러나 가시광선 중에 두 유리판의 접촉 선 쪽으로 더 가까이서 강화된 것은 없다.

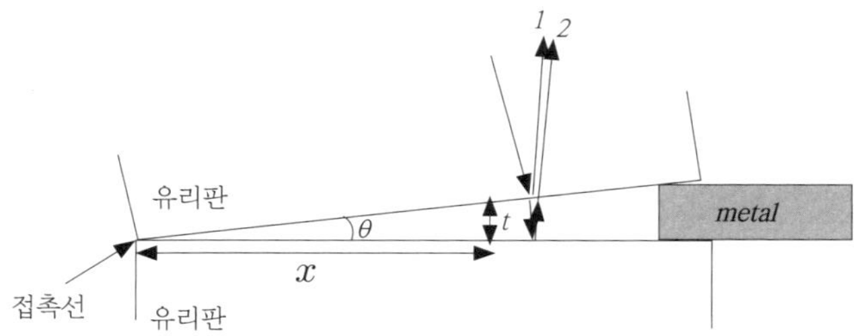

1) 초록 빛, 오렌지 빛은 접촉선으로부터 얼마만큼 떨어진 지점에서 처음으로 강화되는가?

2) 보라색, 초록색, 오렌지 빛이 두 번째로 강화되어 나타나는 지점은 어디인가?

3) 금속 호일의 두께는 얼마인가?

CHAPTER 04

2015년

CHAPTER 04

2015년 | 1학기 1차

01

15m 높이 빌딩에서 공을 떨어뜨렸다. 그와 동시에, 바닥에서는 다른 공을 수직방향으로 25m/s로 던져 올렸다. 두 공이 같은 높이가 되는 시점은 언제인지 구하시오.

02

공 A는 200g이고 공 B는 800g이다. 늘어나지 않고 질량을 무시할 수 있을만한 줄에 의해 공은 연결돼 있다. (중력가속도 $g=9.8m/s^2$이다)

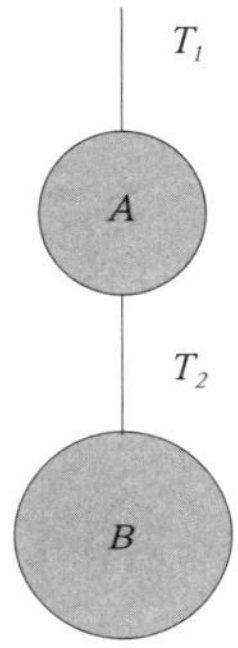

(a) 두 공 A와 B에 대한 자유물체도를 그리시오.

(b) 위쪽방향으로 $6m/s^2$으로 가속된다고 할 때, 장력 T_1과 T_5를 구하시오.

(c) 아래쪽방향으로 $6m/s^5$으로 가속된다고 할 때, 장력 T_1과 T_2를 구하시오.

03

무게가 3w인 블록 A가 경사로 S를 타고 등속도로 내려오고 있다.

경사로와 바닥사이의 각도는 36.9도 이며, A위에는 무게가 w인 두꺼운 판자 B가 올려져있다. 판자는 벽과 케이블로 연결돼 있다. A와 B사이의 운동마찰계수와 A와 S 사이의 운동마찰계수는 같다. 이때 운동마찰계수를 구하시오. ($\cos 36.9° = 0.8$이다.)

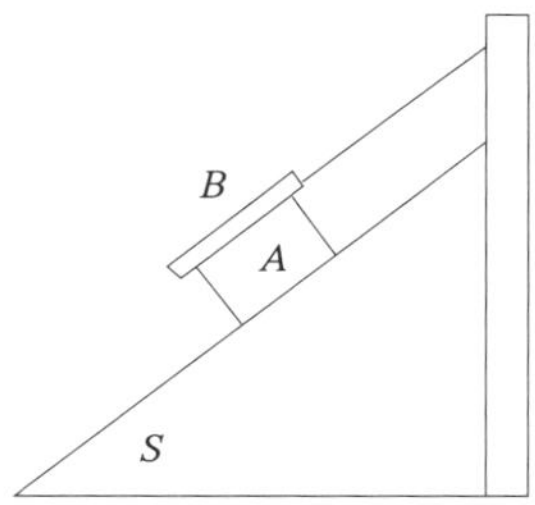

04 질량 500g의 블록이 용수철 상수 k=500N/m인 스프링 위로 떨어지고 있다. 용수철은 블록과 닿아서 10cm까지 압축된다. 중력가속도 $g=10m/s^2$이다.

(a) 용수철이 압축되는 동안, 스프링이 블록에게 해주는 일의 양을 구하시오.

(b) 압축되기 전 용수철로부터 블록은 얼마나 높은 위치에서 떨어졌는지 구하시오.

(c) 용수철이 최대로 압축되는 시점까지, 중력이 블록에게 해준 일의 양을 구하시오.

05 중량 2000kg의 엘리베이터의 케이블이 끊어졌다. 엘리베이터 아래 바닥까지의 거리는 d=2.0m이고 설치된 용수철의 용수철상수는 k=16000N/m이다. 엘리베이터 양옆에 달린 안전장치의 마찰력은 추락하는 동안 엘리베이터 운동방향에 반대되는 쪽으로 12000N의 힘을 작용한다. (중력가속도 $g=10m/s^2$이다.)

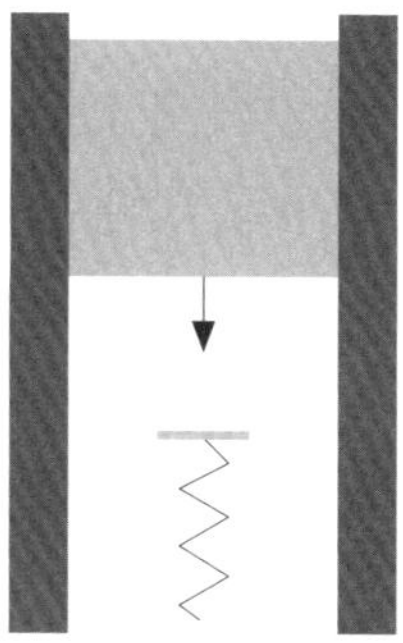

(a) 엘리베이터가 용수철에 닿는 순간, 엘리베이터의 속력을 구하시오.

(b) 용수철이 최대로 압축되는 길이 H를 구하시오. (압축되는 동안에도 안전장치의 마찰력은 계속 작용한다)

CHAPTER 04

2015년 | 1학기 2차

01 질량이 m이고 속력이 v인 총알이, 질량을 무시할 수 있는 길이 L의 단단한 막대에 달린 질량 M의 진자를 뚫고 나갔다. 충돌 이후, 총알의 속력은 v/2가 되었고 진자는 수직면을 따라 움직이기 시작했다. 진자가 원운동을 할 수 있게 하는 최소의 v를 m과 M, 또는 L로 표현하시오. (중력 가속도는 g이고, 공기저항은 무시한다.)

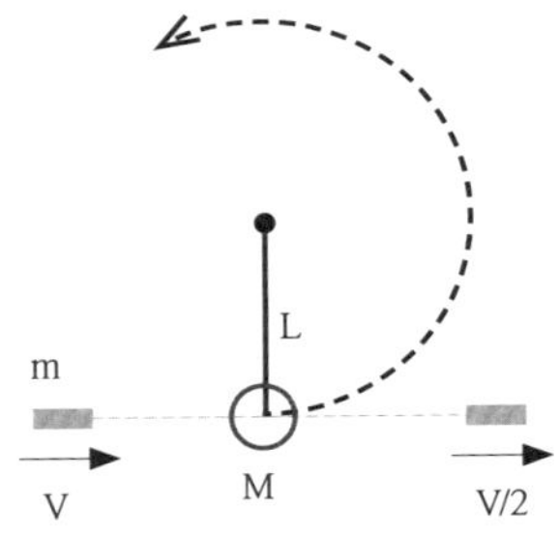

02 길이가 L이고 질량이 M인 균일한 봉은 마찰없이 자유롭게 돌아갈 수 있게끔 한 쪽끝이 고정돼 있다. 봉을 수평으로 잡고 있다가 놓았을 때, 다음을 구하시오. (단, 무게중심에 대한 봉의 관성모멘트는 $I_{cm} = \frac{1}{2}ML^2$ 이고 중력가속도는 g이며 공기저항은 무시한다)

(a) 봉의 끝이 바닥면을 향했을 때의 각속도를 구하시오.

(b) 봉의 끝이 바닥면을 향했을 때 끝부분의 선속도를 구하시오.

03

질량 5kg의 블럭이 경사면을 따라 내려오고 있다. 운동마찰계수는 0.25이다. 블럭은 점O에 고정된 도르래에 질량을 무시할 수 있는 줄로 연결돼 있다. 도르래의 질량은 25kg이고 회전축에 대한 관성모멘트는 5kg*m^2이다. 중력가속도는 10m/s^2이다. (공기저항 및 도르래의 회전과 관련된 마찰은 무시한다)

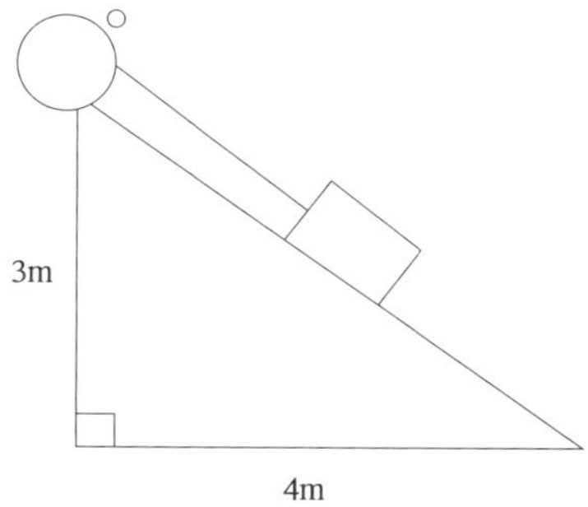

(a) 경사면을 내려가는 블록의 가속도의 크기를 구하시오,

(b) 줄에 걸리는 장력을 구하시오.

04

반지름이 0.1m이고 질량이 12kg인 고체 실린더가 멈춰있다가 미끄럼 없이 굴러내려가기 시작했다. 굴러간 거리 L는 6m이고, 지붕의 경사는 θ = 30°이다. 공기저항은 무시하고, $I_{cm} = \frac{1}{2}MR^2$, g=9m/s^2, $\sqrt{3}$=1.7 이다.

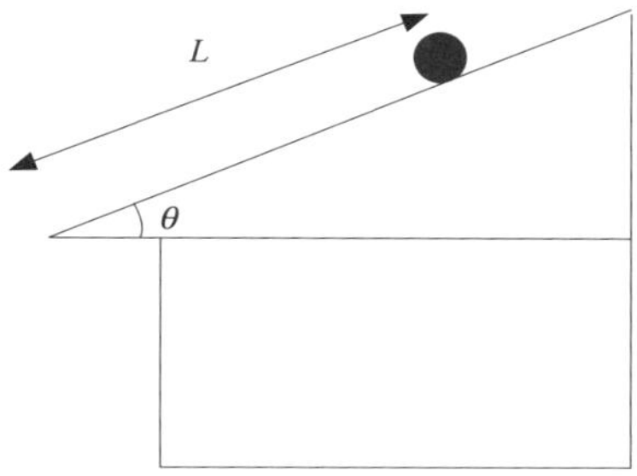

(a) 지붕을 벗어났을 때 실린더의 각속도를 구하시오.

(b) 지붕끝부분의 높이는 7.5m이다. 실린더가 바닥에 닿을 때, 지붕끝에서 부터의 수평거리를 구하시오.

05

질량이 M이고 길이가 5L인 막대가 그림처럼 케이블과 연결돼 있다. 간판은 질량이 m이고 길이가 4L이다. 질량을 무시할 수 있는 길이 L의 끈이 3L 간격으로 간판과 연결돼 있다. 간판의 중심으로부터 두 끈까지의 거리는 같다. M=m/5라 할 때, 다음을 구하시오.

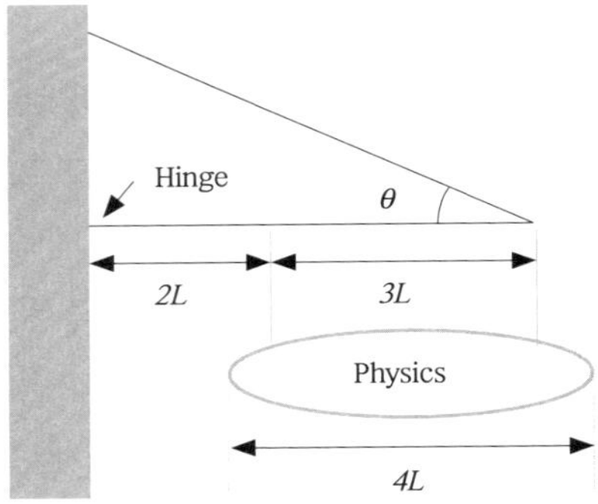

(a) 간판이 떨어지지 않기 위해 케이블에 걸리는 최소한의 장력을 구하시오.

(b) 경첩(hinge)부분이 막대에 가해줘야할 최소한의 힘을 구하시오. **힌트** 중력 가속도는 g이고, 막대에 대한 자유물체도를 이용하시오

CHAPTER 04

2015년 | 1학기 3차

01

질량 m인 인공위성이 지구표면으로부터 h 고도의 궤도를 돌고 있다. (G: 중력상수, M: 지구의 질량, R: 지구의 반지름)

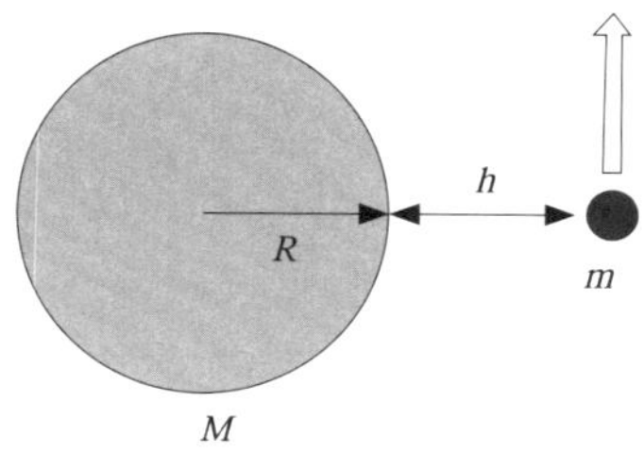

(a) 원궤도를 도는 인공위성의 속도를 구하시오.

(b) 인공위성의 운동에너지를 구하시오.

(c) 지구표면에 정지해있던 인공위성을 궤도로 올리려면 얼마만큼의 일을 해줘야 하는지 구하시오.

(d) 궤도를 돌고있던 인공위성이 지구로부터 탈출하려면 어느정도의 일을 해줘야 하는지 구하시오.

02

질량 m인 총알이 v_0의 속력으로 날아와 질량이 M인 블록에 와서 박혔다. 블록은 이상적인 용수철에 연결돼 있고, 블록과 바닥 사이의 마찰은 없다. 용수철의 다른 한쪽은 벽과 연결돼 있다. 총알과의 충돌로 용수철은 최대 B만큼 압축됐다. 충돌 이후 블록은 단순조화진동을 하는데, 이때의 주기 T를 구하시오.

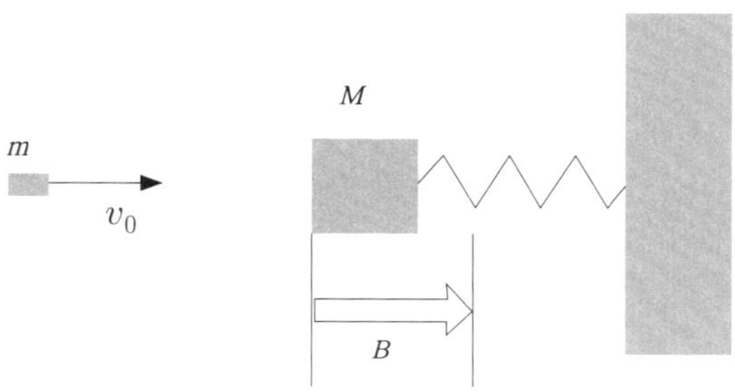

03

질량이 m인 개미가 팽팽한 줄 위에서 쉬고 있다. 줄의 선질량밀도는 μ이고 걸려있는 장력은 F이다. 이때 줄을 λ의 파장을 가지게끔 흔들기 시작했다. 이때 개미가 순간적으로 무중력 상태를 느끼게끔 하기 위한 최소한의 진폭을 구하시오. (개미의 질량 m은 매우 작아서 파동의 전파에 영향을 끼치지 않는다고 가정한다.)

04

단면적이 A_1이고 깊이가 h인, 열려있는 물탱크에 물이 채워져있다. 물탱크속 물 위에는 물보다 밀도가 낮은 액체가, 질량 M이 되는 만큼 채워져있다. 물탱크 아래쪽에 단면적이 A_2인 구멍이 생겨서 물이 빠져나가기 시작했다. 이때 물 위에 있는 액체 M이 내려오는 속도 v_1을 ρ, h, A_1, A_2, M, 그리고 g를 통해 표현하시오.
(ρ는 물의 밀도이고 g는 중력가속도이다.)

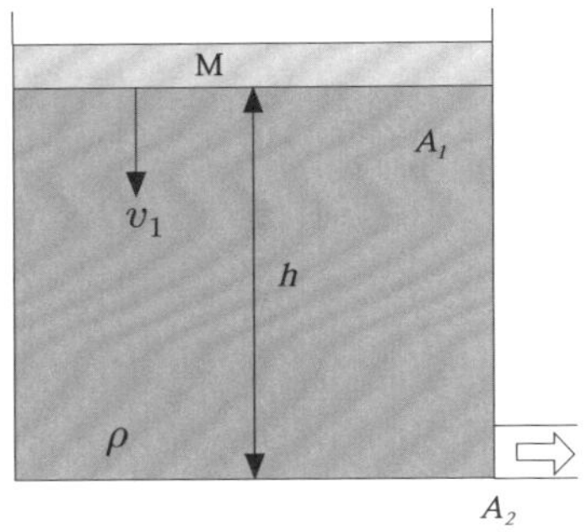

CHAPTER 04

2015년 | 2학기 1차

01

어떤 균일하게 대전된 반지름이 R인 원판의 총 전하량은 Q이고, 원판의 축은 x축과 같다.

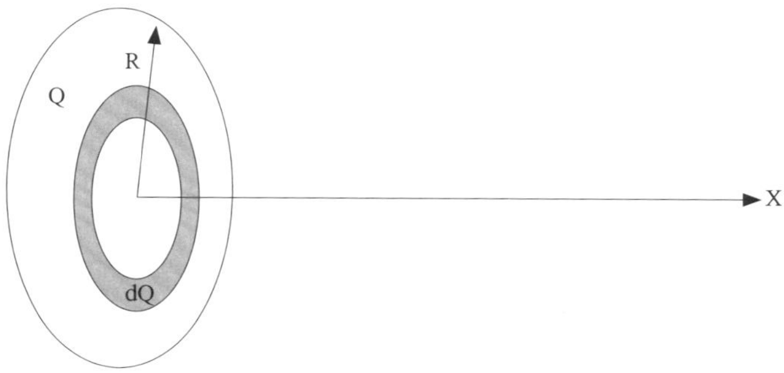

1) 원판의 중심에서 x만큼 떨어진 지점의 전기장을 계산하라.

2) 1)의 결과를 근사해서 $x \gg R$인 영역의 전기장을 얻어라.

3) 1)의 결과를 근사해서 $R \gg x$인 영역의 전기장을 얻어라.

02

다음 물음에 답하라.

1) 선 전하밀도 λ로 균일하게 대전된 무한히 긴 도선이 r만큼 떨어진 지점에 만드는 전기장을 가우스 법칙을 이용하여 계산하라.

2) 그림을 참고하라. 안쪽 반지름이 R_1이며 바깥 반지름이 R_2인 절연체 실린더의 전하밀도가 $\rho=\dfrac{A}{r}$(A는 상수, r은 축으로부터 거리)로 주어진다.
각 영역의 전기장의 크기를 구하라.
$i)\,r<R$, $ii)\,R_1<r<R_2$, $iii)\,r>R_2$

3) 선 전하밀도 λ로 대전된 무한히 긴 도선을 실린더의 중심축에 위치시키자. 실린더 내부 $R_1<r<R_2$에서의 전기장이 일정하기 위한 값은 얼마인가? 또한, 해당 전기장의 값은 얼마인가?

03

반지름이 a인 금속 구가 반지름이 b인 얇은 금속 구껍질의 중심에 위치한다. 안쪽 구에는 $+q$의 전하가 있으며, 바깥 껍질에는 $-Q$의 전하가 있다.
(단, q, $Q>0$이며 $a<b$이다.)

1) 각 영역에서의 퍼텐셜을 구하라. (단, $V(\infty)=0$)
$i)\ r<a$, $ii)\ a<r<b$, $iii)\ r>b$

2) $q=Q$일 때 위 구성은 구모양의 축전기가 된다. 축전용량을 계산하라.

04

너비가 a, 길이가 l, 두 판 사이 거리가 d인 평행판 축전기가 V의 퍼텐셜차이로 충전되었다. 유전율이 ϵ이고, 너비가 a, 길이가 x, 두께가 d인 유전체가 평행판 축전기 사이에 존재한다.

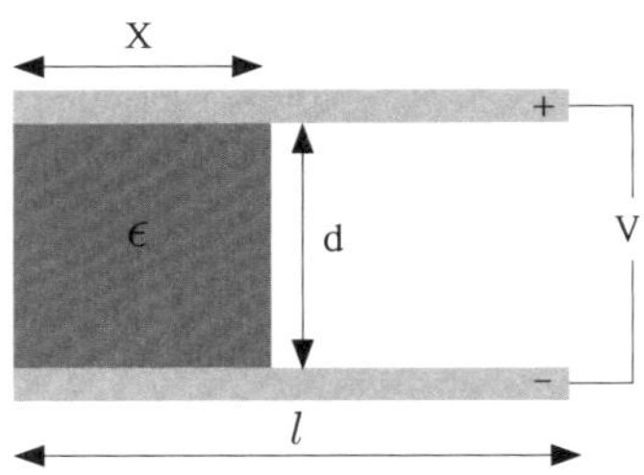

1) 유전체가 끼인 부분의 축전용량 C_1과 나머지부분의 축전 용량 C_2를 계산하라.

2) 총 축전 용량은 얼마인가?

3) 총 정전기 에너지는 얼마인가?

CHAPTER 04

2015년 | 2학기 2차

01

$R_1=1\Omega$, $R_2=2\Omega$, $R_3=3\Omega$, $R_4=2\Omega$, $R_5=3\Omega$, $\varepsilon_1=3V$, $\varepsilon_2=5V$인 회로 요소들로 구성된 회로가 있다. 회로의 구성은 그림과 같다. 다음 물음에 답하라.

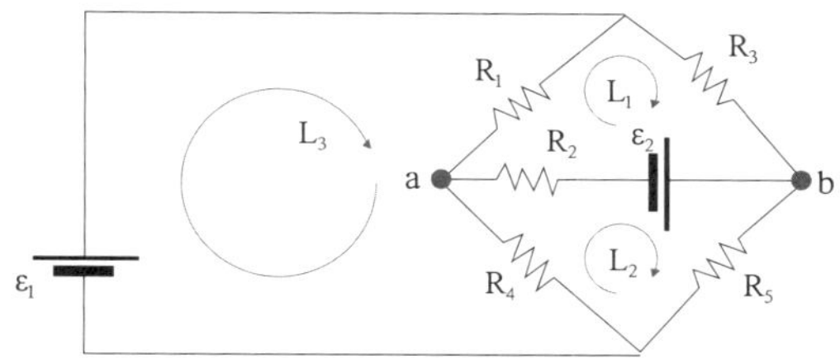

1) 그림에서 제시한 루프(loop) L_1, L_2, L_3를 이용하여 R_1, R_2, R_3를 통과하는 전류 I_1, I_2, I_3를 구하라.

2) 점 a와 b사이의 퍼텐셜 차이를 구하라. ($Va - Vb$)

02

전하량이 $1.60\times10^{-19}C$이고, 질량이 $1.60\times10^{-27}kg$인 입자가 일정한 자기장 $0.5T\hat{i}$ 이 있는 영역을 지나가고 있다. $t=0$일 때, $\vec{v}=(2.00\times10^5\mathrm{m/s})(\hat{i}+\hat{k})$의 속도를 가지고 있었다.

1) $t=0$일 때의 입자에 작용하는 힘과 가속도의 크기를 구하라.

2) 입자의 나선형 경로의 반지름, 각속도, 나선형 경로의 한 번의 회전 당 축방향의 이동 거리를 구하라. 중력은 무시하고, $\pi=3.00$으로 계산하라.

03 z축 방향의 평행한 균일한 자기장이 있고, 균일한 전류가 흐르는 도선이 xy평면에 놓여있다. 이 도선의 전류의 방향은 그림과 같고, 이 도선은 크게 네 가지 부분으로 나뉜다. 두 개의 길이가 L인 선분, 반지름이 R_1인 반원, 반지름이 R_2인 반원. 이 도선에 작용하는 총 자기력구하라 $(\hat{x}\times\hat{y}=\hat{z})$

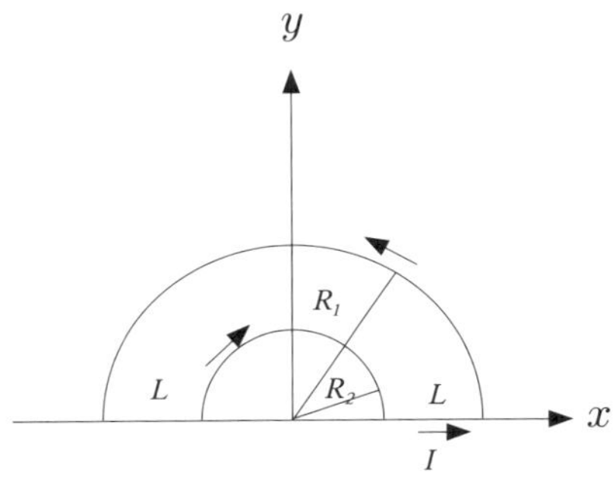

CHAPTER 04

2015년 | 2학기 3차

01

정지해 있는 길이가 L, 질량이 m, 저항이 R인 금속 막대가 저항을 무시할 수 있는 레일 위에서 일정한 힘 $\vec{F}$를 받아 움직이고 있다. 자기장은 평면으로 들어가는 방향이다.

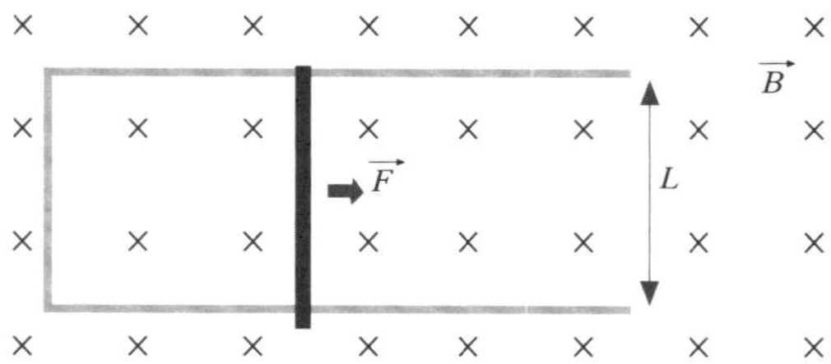

1) 금속막대가 속도 v로 움직이고 있을 때, 금속 막대에 작용하는 자기력 $\overrightarrow{F_B}$의 크기를 구하라.

2) 금속막대의 종단 속도를 구하라.

3) 종단 속도에 도달한 후, 전기에너지가 열에너지로 전환되는 일률을 구하라.

02

$t=0$에 스위치가 닫힌 후, 전류를 일정하게 유지하는 공급원에 의해 회로에 전류가 흐르게 된다.

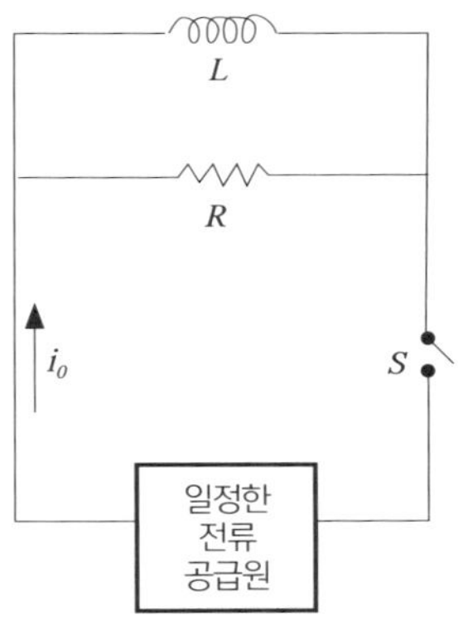

1) 인덕터에 흐르는 전류를 시간의 함수로 구하라.

2) 인덕터에 흐르는 전류와 저항에 흐르는 전류가 같아지는 시점은 언제인가?

03 직렬 LRC 회로가 최대 기전력이 $200V$이고 각진동수가 ω인 전원에 의해서 구동되고 있다. $L=80.0mH$, $C=2.00\mu F$, $R=100\Omega$ 이다.

1) 공명 각 진동수를 구하라.

2) 공명일 때의 I_{rms}를 구하라.

3) $\omega=5000rad/s$일 때, 임피던스와 $\tan\phi$ (단, ϕ는 위상각)를 구하라.

04 $500m$ 상공에 위치한 위성이 진동수가 $92.4MHz$인 전자기파를 모든 방향으로 균일하게 $94.2kW$의 전력으로 전송하고 있다.

1) 위성의 바로 아래에 있는 지표면에서의 수신기에서의 전자기파의 세기는 얼마인가?

2) 수신기에서의 전기장, 자기장의 진폭은 얼마인가?

05 굴절률이 n인 매질로 입사한 빛이 A 지점에서 전반사가 일어나게 하는 θ_a 중 최댓값을 θ_{max}라고 하자. $\cos\theta_{max}$를 n을 이용하여 구하라

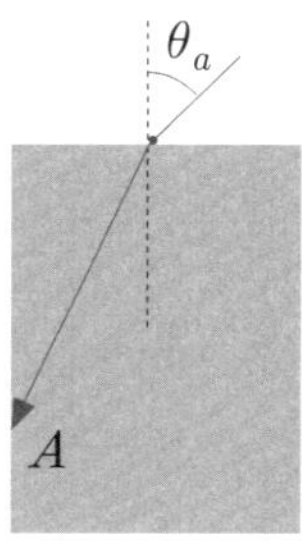

CHAPTER 05

2016년

CHAPTER 05

2016년 | 1학기 1차

01

입자가 $y(t)=bx^2(t)-x(t)+c$의 경로를 따라가고 있다. $b=1(m^{-1})$이고, $c=1m$이다. $x=1$ 일 때 $v_x = 2m/s$이고 $a_x=0$이다. 이때 v_y와 a_y를 구하시오.

힌트 $\frac{d}{dt}[f(t)g(t)] = \frac{df}{dt}g + f\frac{dg}{dt}$

02

그림과 같이 힘 $F=12N$이 작용 하고 있다. 힘의 방향은 경사로와 나란하고, 경사로의 경사는 $\theta=37°$이다.
$\sin 37°=0.6$, $\cos 37°=0.8$이다.
두 박스는 케이블로 연결돼 있고, $m_1=3kg$, $m_2=1kg$ 이다. 바닥과 도르래의 마찰은 무시한다. 케이블과 도르래의 질량은 무시한다. 케이블에 걸리는 질량을 구하시오.
(중력가속도 $g=10m/s^2$이다.)

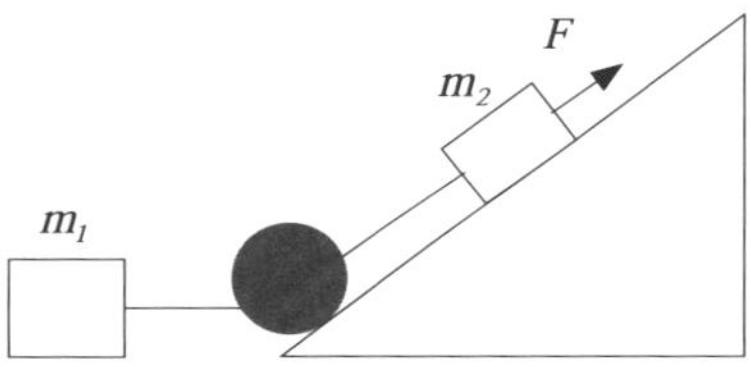

03

그림과 같은 놀이기구가 있다. 좌석은 두 개의 케이블로 연결돼있고, 좌석은 바닥면과 수평한 원을 그리며 회전한다. 빈 좌석이 한번 회전할때의 주기를 T_0라 하자. 좌석의 질량이 m이고 탑승자의 질량이 M일 때, 수평케이블의 장력을 m, M, T_0, β, R, 중력가속도 g로 나타내시오.

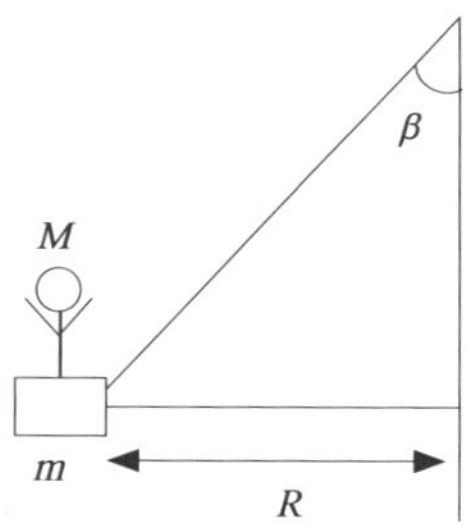

04

길이 L인 줄에 질량 m인 진자가 매달려 있다. 진자는 운동방향의 반대방향으로 일정한 공기저항력 f_D를 받는다. 진자는 A위치에 멈춰있다가 움직이기 시작한다. 진자가 맨 처음 B 위치를 지나갈 때 줄에 걸리는 장력을 구하시오, (일-에너지 정리를 이용하라. 중력가속도는 g이다)

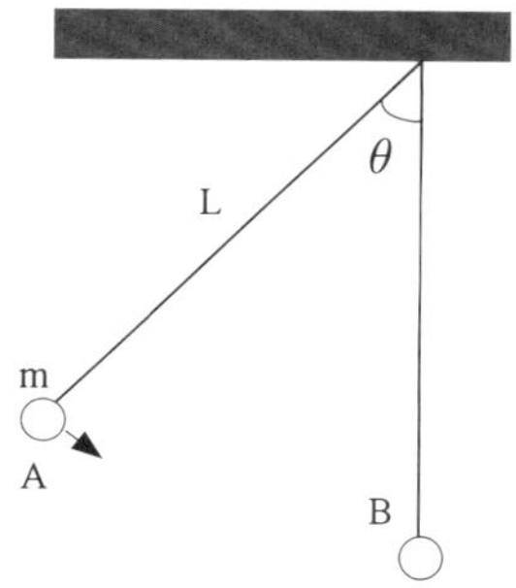

05

그림과 같이, 질량이 20kg인 블록이 질량을 무시할 수 있고 용수철 상수가 k=400N/m인 용수철과 연결돼 있다. 도르래의 마찰은 무시한다. 기준점으로부터 0.4m만큼 블록이 떨어졌을 때, 블록의 속력의 제곱을 구하시오. (중력가속도 $g=10m/s^2$이다.)

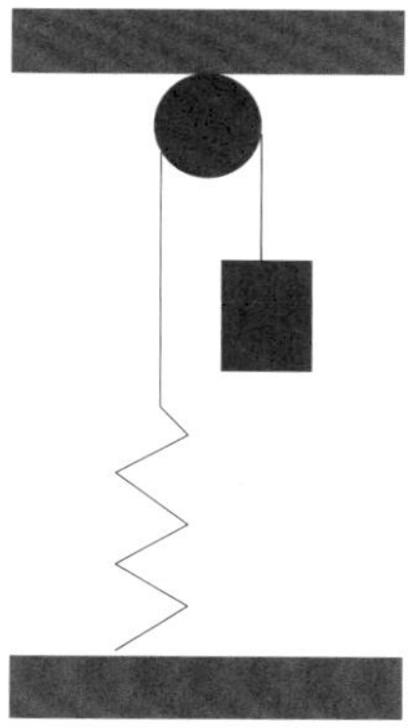

CHAPTER 05

2016년 | 1학기 2차

01 직선길을 미끄러짐 없이 5.0m/s로 가던 자전거는 2.0초동안 등가속도 운동을 해서 10.0m/s가 됐다. 두 바퀴의 반지름은 0.5m이고, 작은 자갈이 한쪽 바퀴 표면에 박혀있다.

(a) 자갈의 각가속도를 구하시오.

(b) 자갈이 돌아간 각도를 구하시오.

(c) 자갈이 움직인 거리를 구하시오.

02 해왕성의 북극의 중력가속도는 대략 $11.0\mathrm{m}/s^2$이다. 해왕성의 질량은 $1.0*10^{26}$kg 이고 반지름은 $2.5*10^4$km이다. 북극을 지나는 회전축을 중심으로 한주기 $5.0*10^4$s의 회전을 한다. 해왕성 표면에 5.0kg의 물체가 있을 때, 다음을 구하시오.

(a) 해왕성 북극의 중력을 구하시오.

(b) 해왕성 적도에서 겉보기 무게를 구하고 그 이유를 설명하시오. 해왕성은 완전한 구형이고, 균일한 질량분포를 가지고 있으며, $\pi=3.0$으로 놓고 계산하시오.

03 그림과 같은 벤트리 관이 있다. 유속 v_1을 단면적 A_1과 A_2, 높이 차이 h에 대해 표현하시오. (A_1과 A_2의 중심 높이는 같다고 하고, 유체의 밀도 ρ와 중력가속도 g는 균일하다고 가정한다.)

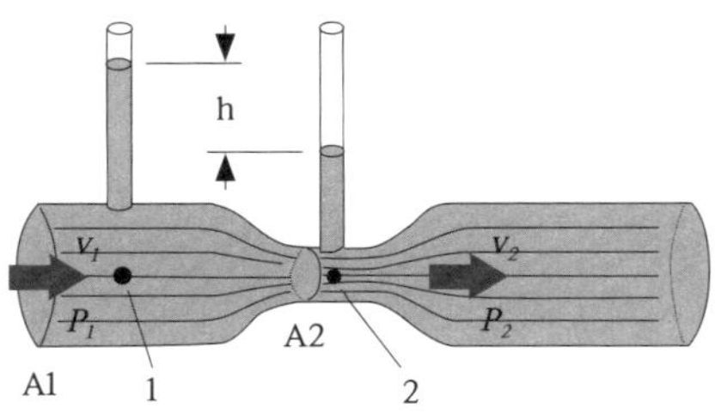

04

질량 40kg의 여자가 동쪽을 향해 수평방향으로 마찰없이 100.0kg*m/s의 운동량을 가지고 움직인다. t=0을 기점으로, 크기 (20.0N/s)t이고 방향은 서쪽인 힘이 여자에게 가해진다.

(a) 여자의 서쪽을 향한 운동량이 60.0kg*m/s가 되는 시점을 구하시오.

(b) (a)에서 구한 시점까지 여자에게 가해진 일의 양을 구하시오.

(c) (a)에서 구한 시점에서의 가속도의 크기를 구하시오.

05

여덟 개의 바퀴살을 갖고 있는 총 질량 M+8m의 바퀴가 중심축에 F의 힘을 받고 있다. 바퀴는 미끄러짐 없이 바닥을 굴러가기 시작했다. 바퀴의 바깥 테두리는 질량이 M이고 균일한 질량분포를 가진다. 각각의 바퀴살은 질량이 m이고 길이가 R이며 균일한 질량분포를 가진다. 바닥과의 정지마찰계수 μ_s는 0.5이며 중력가속도는 g이다. 균일한 봉의 무게중심에 대한 관성 모멘트는 $I_{rod} = \frac{1}{12}ML^2$이다.

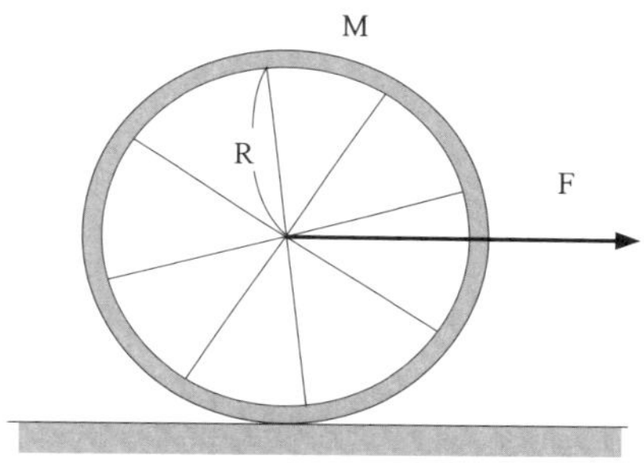

(a) 바퀴의 중심축에 대한 관성 모멘트를 구하시오.

(b) 바퀴의 가속도 a를 구하시오.

(c) 바퀴가 미끄러짐 없이 굴러갈 수 있는 최대의 힘의 크기 F를 구하시오.

CHAPTER 05

2016년 | 1학기 3차

01 그림과 같이 마찰이 없는 시스템이 존재한다. 블록의 질량은 m이고 용수철 상수는 각각 k_1과 k_2이다. 그림 A에 해당하는 시스템의 주기와, B에 해당하는 시스템의 진동수를 구하시오.

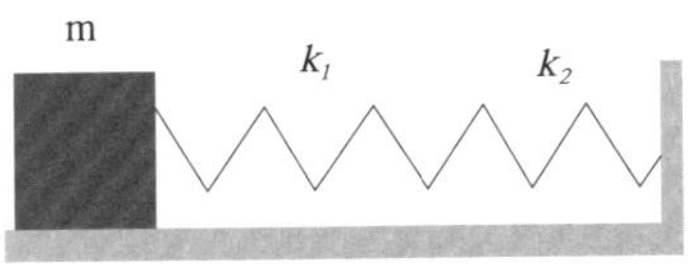

Fig A

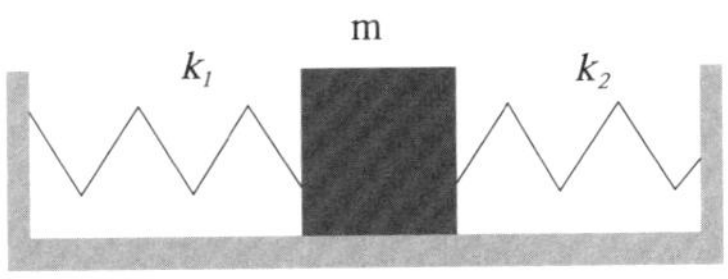

Fig B

02 길이가 3m이고 질량이 7.5g인 줄의 양 끝이 고정돼 있다. 정상파 진동중 하나는 252Hz이고 그 다음 하나는 336Hz이다.

(a) 기본진동수를 구하시오.

(b) 336Hz는 몇 번째 배음인지 구하시오.

(c) 줄의 장력을 구하시오.
(힌트: 줄에서 파동의 진행속력은 $v=\sqrt{\dfrac{F}{\mu}}$ 이다.)

03

두 개의 스피커 A와 B가 있다. 두 스피커는 동일한 앰프에 연결돼 있어 똑같은 사인파를 내뿜는다. B는 A와 4m 떨어져있고, 점 Q는 B로부터 2m 떨어져있다. 소리의 속력은 344m/s이다.

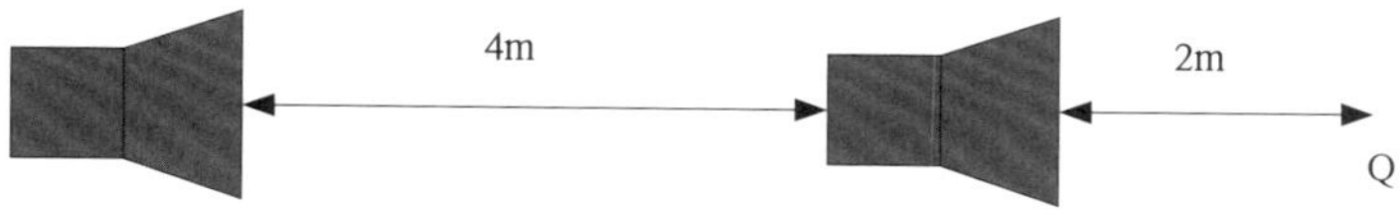

(a) 점 Q에서 보강간섭이 일어나는 가장 낮은 진동수는 몇인지 구하시오.

(b) 점 Q에서 상쇄간섭이 일어나는 가장 낮은 진동수는 몇인지 구하시오.

04

밀폐돼 있고 직경이 D인 실린더형 탱크가 그림처럼 구성돼있다. 질량이 3kg인 원반은 위아래로 마찰없이 움직이고, 원반 아래에는 온도가 T인 이상 기체가 채워져있다. 맨 처음 원반은 탱크 밑바닥에서 부터 h=4m에 위치해있다.

질량 9kg인 블록을 원반 위에 두었을 때, 원반은 아래로 내려가기 시작한다.

이상기체의 온도가 일정하고, 기체가 외부로 빠져나가지 않는다고 할 때, 원반은 바닥으로부터 얼마나 떨어져 있게 될지 구하시오.

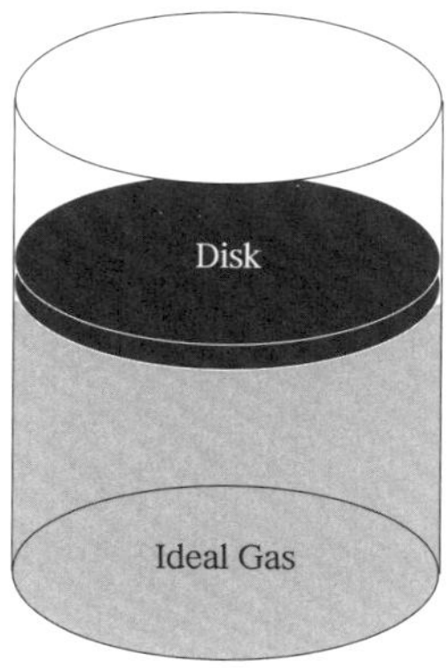

05 시스템이 상태 a에서 상태 b로 갈 때 acb의 경로를 거치는데, 이때 85J의 열이 시스템으로 들어가고 시스템은 60J의 일을 한다.

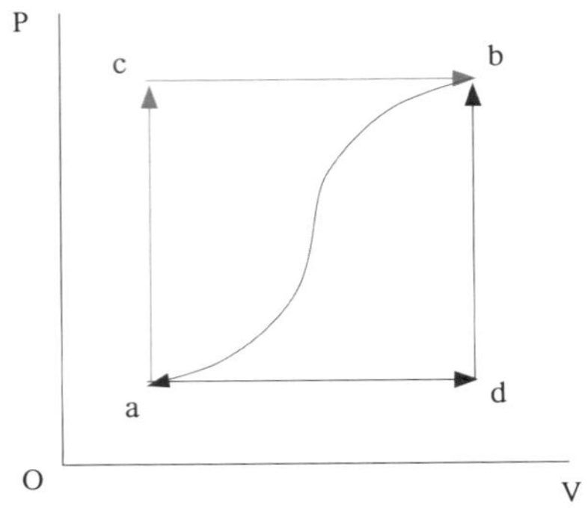

(a) adb경로로 이동할 때 시스템이 한 일의 양이 13J이라면, 시스템으로 들어가는 열은 어느정도인지 구하시오.

(b) 시스템이 곡선으로 표시된 경로를 통해 b에서 a로 돌아온다면, 시스템이 한 일의 양은 39J이 된다. 이때 시스템의 열 출입을 계산하시오.

(c) 만약 a와 d에서의 내부에너지 $U_a=0$, $U_d=12$J라면, ad와 ab 경로에서의 열 출입을 계산하시오.

CHAPTER 05 2016년 | 2학기 1차

01 Q의 양전하가 x축을 따라서 $x=0$부터 $x=a$까지 고르게 분포되어있다. 양의 점전하 q가 $(a+r,\ 0)$에 위치하고 있다. (단, r은 양수)

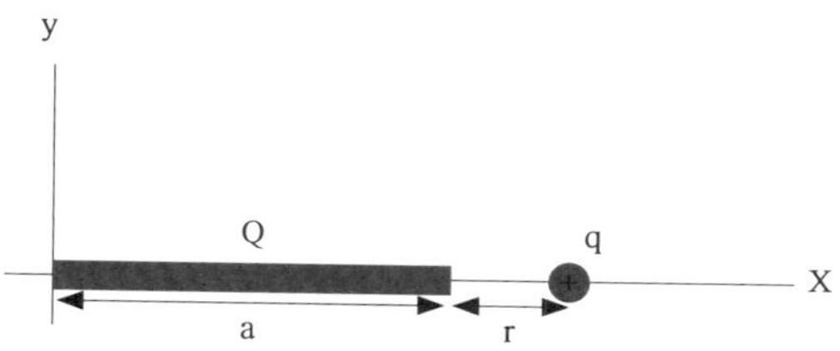

1) 전하분포에 의한 x축 상에서의 지점의 전기장을 구하라. (단, $x>a$)

2) 전하분포가 점전하 q에 작용하는 힘의 크기와 방향을 구하라.

02 반지름이 R이고 긴 절연체 실린더에 반지름이 a인 실린더 형 구멍을 뚫었다. 구멍의 축과 절연체 실린더의 축과의 거리는 b이다. 절연체 실린더는 균일한 전하밀도 ρ를 가지고 있다. 구멍에서의 전기장의 크기와 방향을 구하라. 또한, 전체 구멍 영역에서의 전기장이 일정함을 보여라. (단, $a<b<R$)

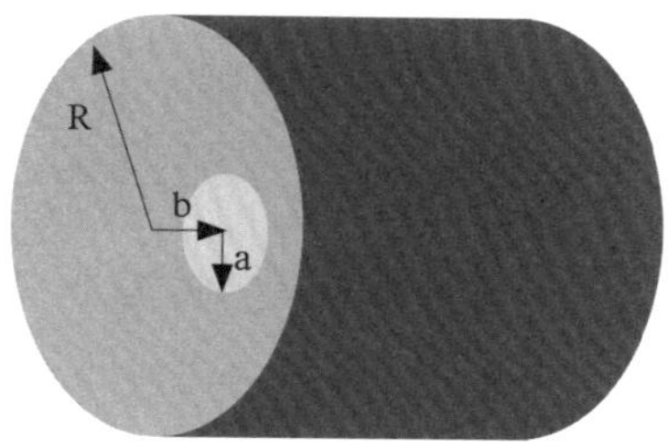

03

안이 텅 빈 대전되지 않은 도체 구형 껍질의 안쪽 반지름이 a이고 바깥 쪽 반지름이 b이다. 양의 전하 Q가 구껍질의 중심에 위치하고 있다.

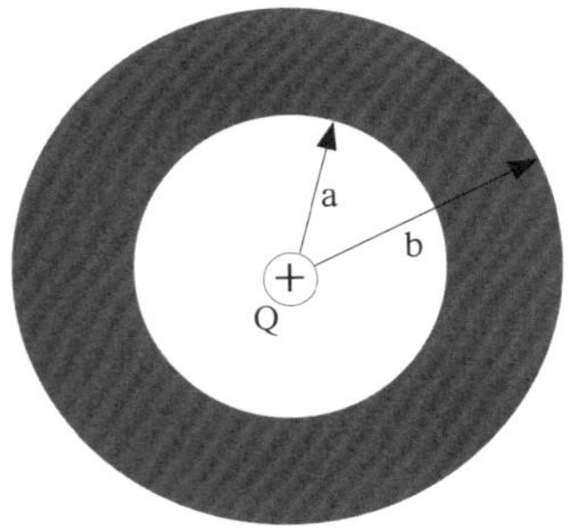

1) 도체의 각 면에 있는 알짜전하를 구하라.

2) 각 영역에서의 전기 퍼텐셜을 구하라. (단, r은 중심으로부터의 거리)

힌트 최종 퍼텐셜은 각 전하 분포의 퍼텐셜의 합이다.

(i) $r \geq b$ (ii) $a \leq r \leq b$ (iii) $0 < r \leq a$

3) 퍼텐셜 V를 r의 함수로 그려라.

04

실린더 형 축전기가 동축의 두 개의 실린더 형 도체로 이루어져 있고, 두 실린더 사이 공간은 진공이다. 안 쪽 실린더의 반지름은 r_a이고 균일한 선 전하밀도 λ가 분포되어있다. 바깥 쪽 실린더의 반지름은 r_b이고 균일한 선 전하밀도 $-\lambda$가 분포되어있다. (단, $\lambda > 0$)

1) 두 도체 사이 영역의 전기장을 계산하라.

2) 위 축전기의 단위 길이 당 축전용량을 구하라.

3) 어느 실린더 형 축전기의 길이가 $16.0m$이고, 안쪽 실린더와 바깥쪽 실린더 사이의 퍼텐셜 차이가 $4.0V$일 때, $3.2 \times 10^{-9} J$의 에너지를 저장하고 있다. 각 실린더에 있는 알짜 전하를 계산하라.

05

두 개의 평행한 도체 판 사이에 두 가지 종류의 유전체가 위치하는 축전기를 고려하자. 도체 판의 넓이는 A이고, 두 도체 판 사이의 간격은 d이다.

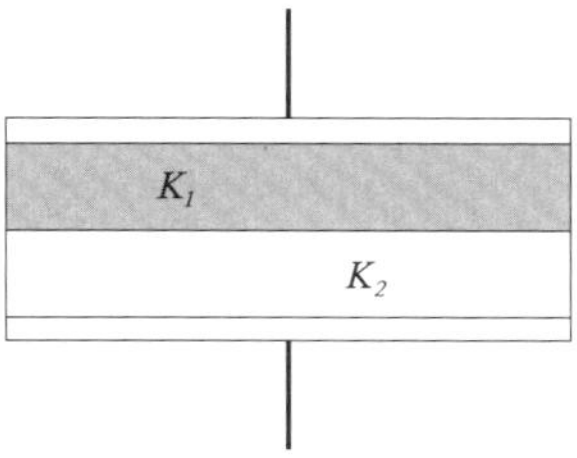

그림 5-1

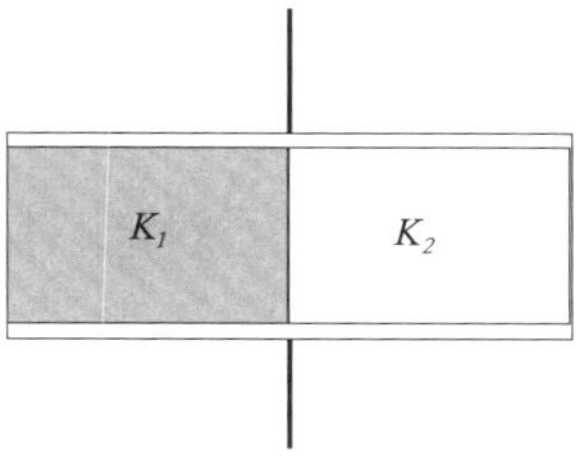

그림 5-2

1) 그림 5-1의 상황처럼 위쪽 영역에 유전 상수가 K_1 아래쪽 영역에 유전상수가 K_2인 물질이 위치하고, 각 유전체의 두께는 $d/2$로 동일하다. 이 축전기의 축전 용량은 얼마인가?

2) 그림 5-2의 상황처럼 왼쪽 영역에 유전 상수가 K_1, 오른쪽 영역에 유전상수가 K_2인 물질이 위치하고, 각 유전체의 두께는 d로 동일하다. 또한, 각 유전체와 도체가 접하는 면적은 $A/2$로 동일하다. 이 축전기의 축전 용량은 얼마인가?

3) 이제, 그림 5-2에서 유전상수가 K_1인 유전체를 제거한다. 전하 Q가 축전기에 저장되어 있다면, 이 축전기에 저장된 에너지는 얼마인가?

CHAPTER 05

2016년 | 2학기 2차

01

동심인 두 도체 구 껍질이 있고, 각 껍질의 반지름은 a, b이다. 이 두 도체 사이에 영역엔 비저항이 ρ_1인 물질이 왼쪽 절반 영역을 채우고 있고, 오른쪽 절반 영역은 ρ_2인 물질이 채우고 있다.

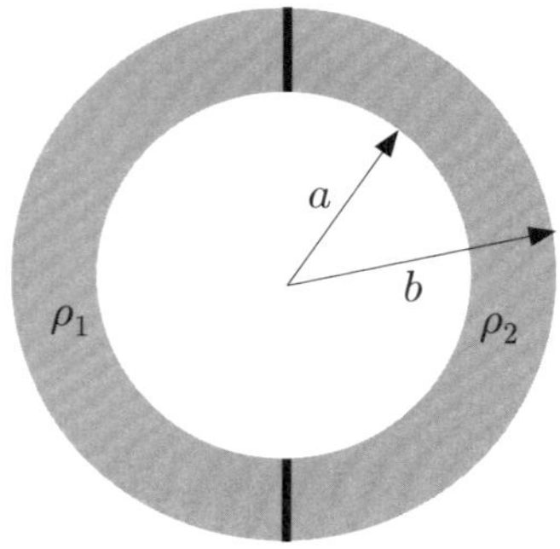

1) 두 구 껍질사이의 저항을 구하라.

2) 왼쪽 절반 영역에 흐르는 전류 I_1, 오른쪽 절반 영역에 흐르는 전류 I_2를 각각 구하라. (두 껍질 사이의 퍼텐셜 차이 V_{ab}를 사용하여 나타내라)

02

어느 도넛 모양의 이상적인 원환체 솔레노이드는 N번 감겨 있고 I의 전류가 흐른다. 솔레노이드의 안쪽의 영역은 $r1<r<r2$이고, r은 원환체의 중심으로 부터의 거리이다.

1) 앙페르 법칙을 쓰고, 물리적 의미를 간단하게 설명하라.

2) 앙페르 법칙을 사용하여, 자기장의 크기를 r의 함수로 구하고, 자기장의 방향을 찾아라.

3) 자기장의 크기를 r의 함수로 그려라.

03 아래 그림의 회로를 고려하자. 두 전지가 연결된 후 충분히 긴 시간이 흘렀다.

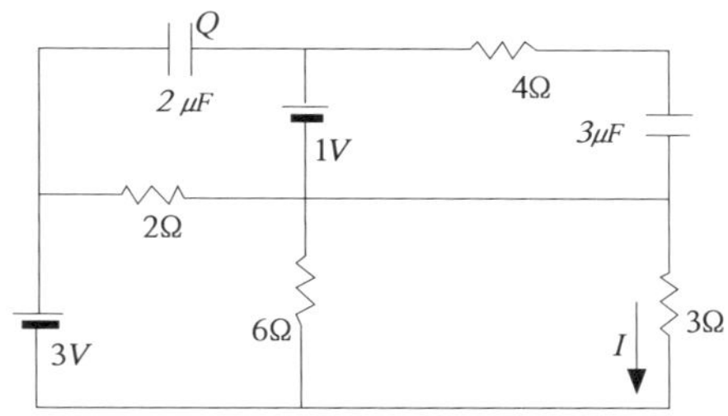

1) 3.0Ω 짜리 저항에 흐르는 전류의 방향과 크기를 계산하라.

2) 2.0μF 짜리 축전기의 오른쪽에 축적된 전하 Q의 크기와 부호를 구하라.

04 종이를 뚫고 나오는 방향의 균일한 자기장이 있다. 이 자기장은 평면과 수직이며, 이 평면에는 균일한 전류 I가 흐르는 도선이 세 부분으로 나뉜다.

(1) 평면과 수직이며 길이가 L인 선분

(2) 각 변의 길이가 L인 정삼각형 모양의 두 변.

(3) x축과 평행하며 길이가 L인 선분.
각 부분에 작용하는 힘을 구하라.

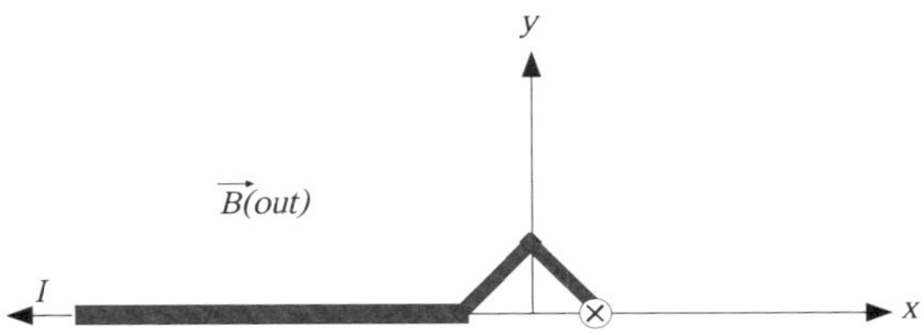

05

직사각형 모양의 도선 고리의 너비가 $w=3.0m$이고 높이가 $h=2.0m$이다. 균일하지 않고 변하는 자기장 B가 고리에 수직이며 평면을 뚫고 나오는 방향으로 있다. 자기장의 크기는 $B=4t^2x^2$으로 주어지고, B의 단위는 테슬라[T]이고, t의 단위는 초[s]이며, x의 단위는 미터[m]이다. 도선의 왼쪽 아래 꼭짓점에 좌표의 원점이 위치한다.

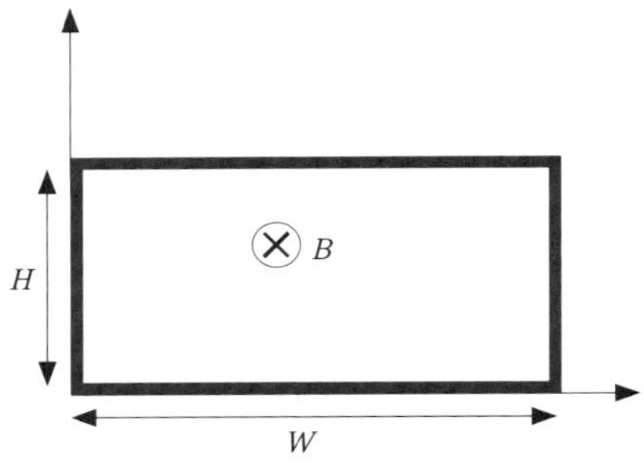

1) $t = 0.10s$ 일 때, 고리에 유도된 기전력 ε의 크기를 구하라.

2) $t = 0.10s$ 일 때, 유도 전류의 방향을 구해라.

CHAPTER 05 2016년 | 2학기 3차

01 세 개의 동일한 9.0Ω 짜리 저항과, 두 개의 동일한 $2.0mH$ 짜리 인덕터와, 기전력이 $18V$인 이상적인 전지가 아래 그림처럼 회로를 이루고 있다.

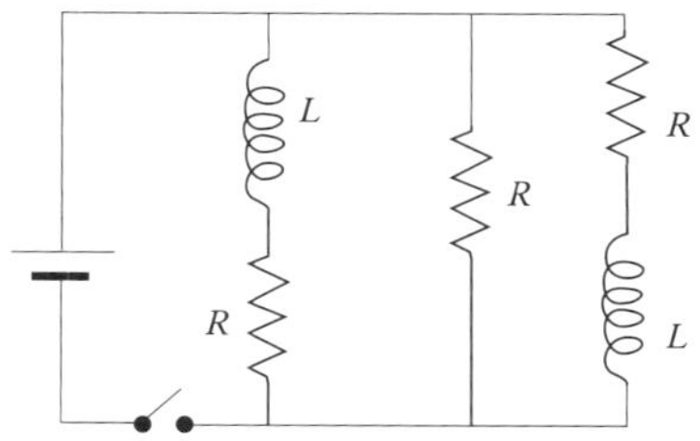

1) 스위치가 닫힌 바로 직후, 전지를 통과하는 전류는 얼마인가?

2) 스위치가 닫히고 시간이 충분히 많이 흐른 후, 전지를 통과하는 전류는 얼마인가?

02 $1.5\mu F$ 짜리 축전기가 $57V$까지 충전되었다. 이후, 전지와의 연결이 끊기고, 축전기는 $15mH$ 짜리 인덕터와 연결되어 LC 진동이 일어난다. 코일에 흐르는 전류의 최댓값은 얼마인가? (단, 회로의 저항은 무시한다.)

03 오른쪽 그림과 같은 고주파 필터가 있다. 출력 전압 V_{out}은 $L-R$ 구성에 걸쳐서 걸린다.

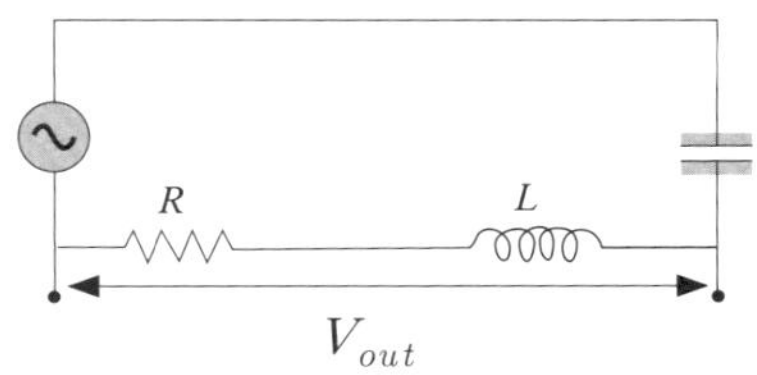

1) 임피던스 Z, 유도 리액턴스 X_L, 용량 리액턴스 X_C를 구하라.

2) 출력 전압의 진폭과 전원 전압의 비율 $\frac{V_{out}}{V_s}$을 전원의 각진동수 ω의 함수로 구하라.

3) ω가 작을 때, $\frac{V_{out}}{V_s}$이 ω에 비례함을 보여라.

04

어떤 물질 내의 형성된 정상파의 진동수가 $6\times10^{10}/s$이다. 자기장의 절면(nodal plane)은 $2mm$씩 떨어져 있다.

1) 위 파동의 물질 내부에서의 파장을 구하라.

2) 전기장의 인접한 절면들의 거리를 구하라.

3) 위 전자기파의 물질 내부에서의 전파 속도를 구하라.

05

빛이 공기로부터 투명한 판 윗 면으로 θ_a의 각을 가지고 입사한다. 투명한 판의 윗면과 아랫면은 평평하고 서로 평행하다.

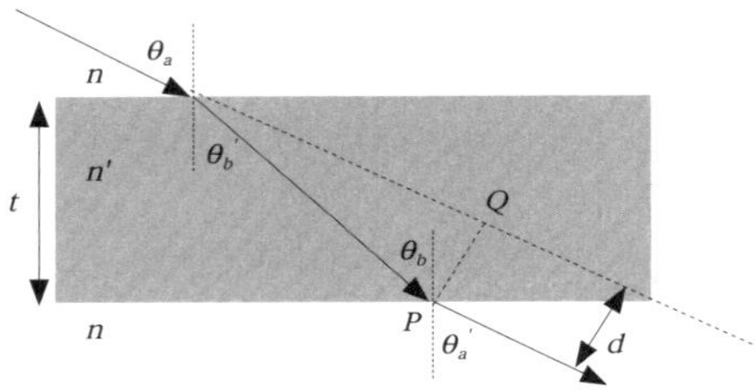

1) 나오는 빛(emergent beam)의 가로 방향 변위(lateral displacement) d를 θ_a, θ_b, 두께 t를 사용하여 나타내라.

2) 광선이 $60.0°$의 각을 가지고 두께가 $1.73cm$인 유리판에 입사한다. 입사하는 빛과 나오는 빛 사이의 가로방향 변위를 구하라.

06

두 슬릿 사이의 간격이 $d=12\mu m$이고, 스크린은 슬릿으로부터 $L=1.0m$ 떨어져 있다. 파장이 $\lambda=600nm$인 빛이 두 슬릿은 포함한 면에 수직인 면과 ϕ의 각을 가지고 입사한다.

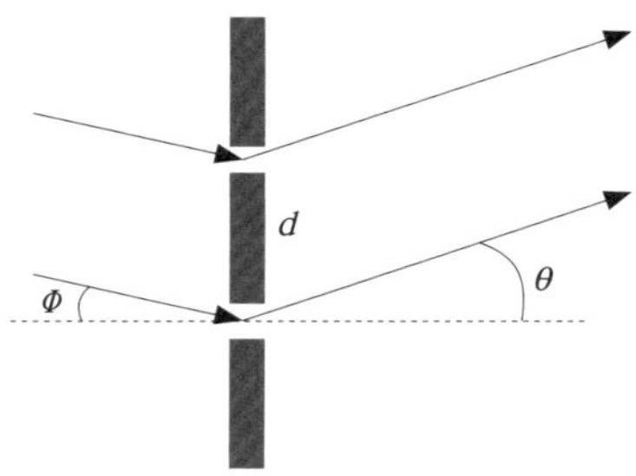

1) 경로차를 ϕ, θ, d를 가지고 나타내라.

2) y는 간섭 패턴의 중앙에서부터의 거리이다.
$\sin\phi=0.01$ 일 때, $y=0$ (즉, $\theta=0$)으로부터 가장 밝은 지점과 그 다음으로 밝은 지점의 y값을 구하라.

CHAPTER 06

2017년

CHAPTER 06

2017년 | 1학기 중간

01 최고속력이 36km/h인 전기차는 4m/s^2로 일정하게 가속할수 있다. 그리고 감속할 때는 –5m/s^2로 감속할 수 있다. 정지해 있던 전기차가 1.00km를 가는데 걸리는 최소한의 시간을 구하시오. (단, 도착시 전기차는 정지해 있어야 한다.)

02 질량이 m_1, m_2인 두 블록이 질량이 없는 끈으로 그림처럼 연결돼 있다. 시스템에는 마찰이 없고, 도르래의 질량은 무시한다. 끈은 늘어나거나 줄어들지 않는다. 중력가속도는 g이다.

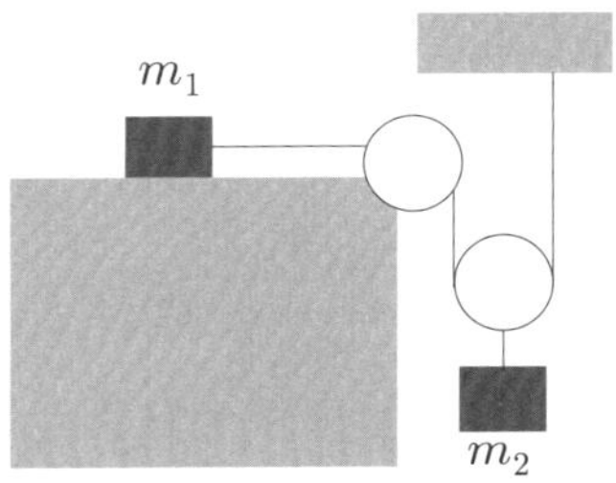

(a) 블록 m_1의 가속도를 구하시오.

(b) 블록 m_2의 가속도를 구하시오.

(c) 블록 m_1에 붙어있는 끈에 걸리는 장력을 구하시오.

03 한 여성이 매우 크고 마찰이 없는 구형 눈덩이 위에서 매우 작은 초기속도로 스키를 타기 시작했다.

(a) 여성의 속도를 각도 α에 대한 함수로 나타내시오.

(b) 스키에 작용하는 수직항력을 각도 α에 대한 함수로 나타내시오.

(c) 어느 각도가 되면 여성이 눈덩이에서 떨어져 접선방향으로 날아가게 되는지 구하시오.

04

정지해 있던 블록 m_1은 높이 h인 마찰없는 경사로를 따라 미끄러져 내려간 뒤 정지해 있는 블록 m_2와 충돌한다. 충돌 후 m_2는 운동마찰계수가 μ_k인 영역을 지나 d만큼 이동한 뒤 정지한다. 충돌이 탄성충돌이라 했을 때, d를 m_1과 m_2, h, μ_k의 함수로 나타내시오.

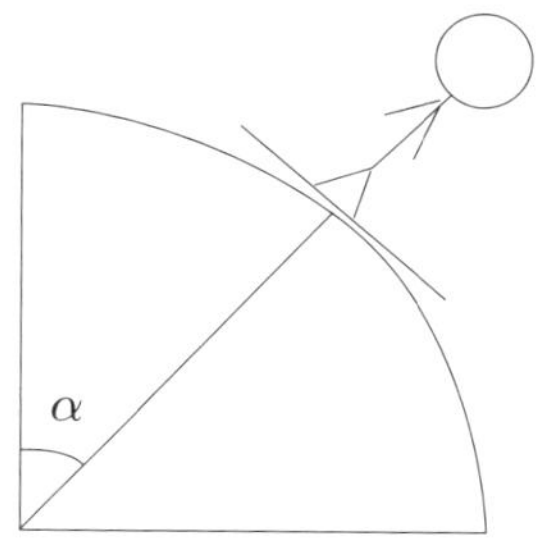

05

질량이 없고 늘어나거나 줄어들지 않는 케이블이 질량 M이고 반지름 R인 균일한 고체 실린더에 감겨있다. 실린더의 중심은 고정돼 있어 돌아가게 되어있고, 중심축은 바닥면과 수평한방향이다. 실린더의 한쪽끝은 질량 m인 블록이 매달려있다. 높이 h에서 블록을 놓아 떨어뜨렸을 때, 케이블은 미끄러짐 없이 감긴게 풀리기 시작했다. (중력가속도 g는 일정하다. 중심축에 대한 실린더의 관성모멘트는 $\frac{1}{2}MR^2$ 이다.)

(a) 블록이 떨어지는 동안의 자유물체도를 그리시오.

(b) 블록이 바닥에 부딪히기 전 블록의 속도와 실린더의 각 속도를 구하시오.

(c) 떨어지는 동안 블록의 가속도의 크기를 구하고, 실린더의 각가속도를 구하시오. 그리고 케이블에 걸리는 장력의 크기를 구하시오.

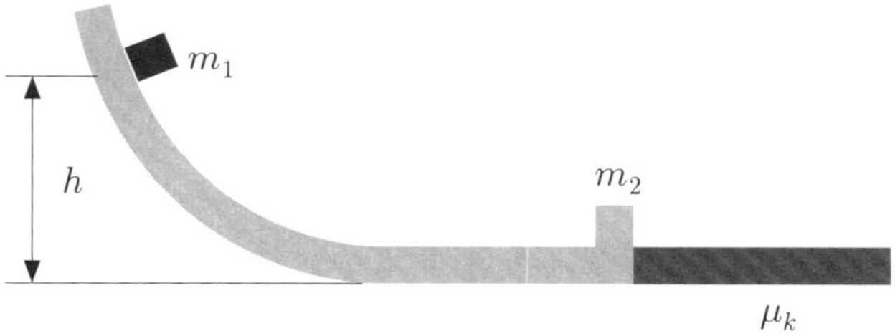

CHAPTER 06 2017년 | 1학기 기말

01 마찰없는 바닥 위의 두 상자가 그림과 같이 도르래를 거쳐 연결돼 있다. 도르래는 균일한 고체 실린더로 질량이 16kg이고 직경이 0.5m이다. 상자가 움직이기 시작할 때, 다음을 구하시오. (연결된 줄은 늘어나거나하지 않으며, 도르래와 줄 사이의 마찰력, 그리고 도르래와 축 사이의 마찰력은 무시한다.)

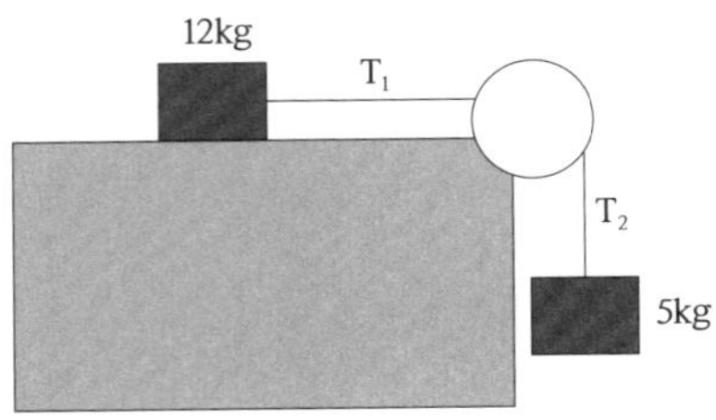

(a) 상자의 가속도를 구하시오.

(b) 장력 T_1 , T_2를 구하시오.

02 무게가 150N인 철골이 수평방향으로 지지돼 있다. 철골의 무게중심은 철골의 중심이다.

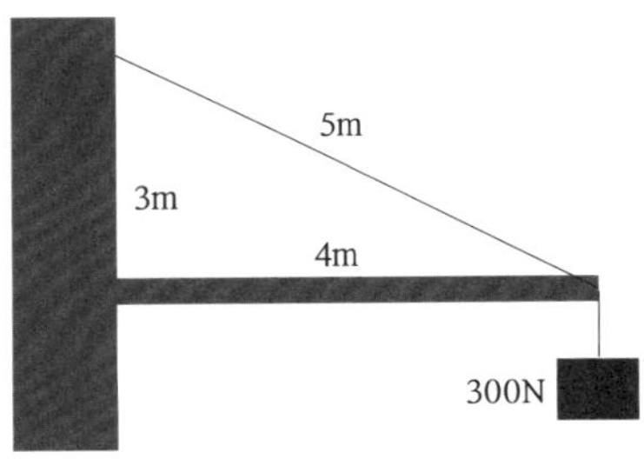

(a) 줄에 걸리는 장력을 구하시오.

(b) 벽이 철골에 가하는 힘의 수평방향 성분과 수직방향 성분을 구하시오.

03

질량이 M으로 같은 두 별이, 두 별로 이루어진 시스템의 무게중심을 기준으로 원형궤도를 돌고 있다. 원형궤도 반지름은 R이고, 두 별은 늘 궤도상의 반대편에 위치한다. 중력상수는 G이다.

(a) 두 별이 서로에게 가하는 중력을 구하시오.

(b) 각 별의 속력과 회전주기를 구하시오.

(c) 두 별을 무한히 먼곳까지 떨어뜨리기 위해서 필요한 에너지를 구하시오.

04

질량이 M이고 균일한 고체 실린더가 용수철에 연결돼있다. 용수철상수는 k이다. 실린더는 움직일 때 미끄러짐 없이 수평방향으로 굴러간다. 용수철을 A만큼 늘렸다가 놓았을 때, 다음을 구하시오.

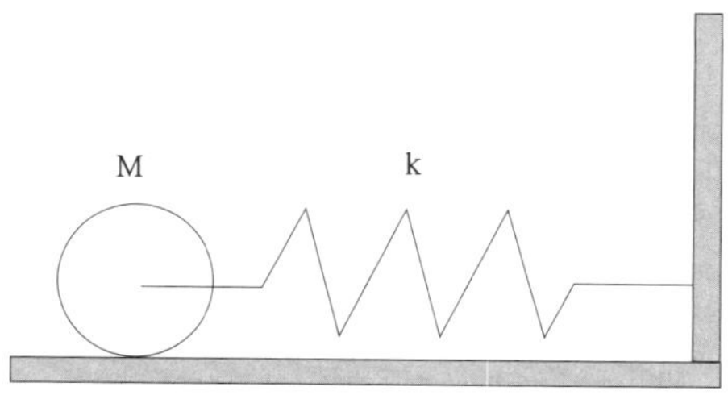

(a) 병진운동에너지를 구하시오.

(b) 실린더가 평형점을 지날 때의 회전운동에너지를 구하시오.

(c) 실린더의 무게중심의 움직임은 단순조화 운동인지 답하고, 만약 맞다면 운동의 주기를 구하시오.

힌트 총 역학적 에너지에 대한 시간미분을 구하시오.

05 경찰차가 주파수 338Hz의 사인파(sinusidal wave)를 내고 있다. 경찰차가 벽쪽으로 2m/s의 속력으로 움직이고 있다. 운전자는 경찰차에서 나는 소리와 벽에서 반사되는 소리를 함께 듣는다. 이때 맥놀이 주파수를 구하시오. (공기중 소리의 전파 속도는 340m/s이다.)

CHAPTER 06

2017년 | 2학기 중간

01

점전하가 한 변의 길이가 a인 정사각형의 각 꼭짓점에 위치한다. 각 점전하의 전하량은 다음 그림에서와 같다. 사각형의 중심에서의 전기장의 크기와 방향을 계산하라.

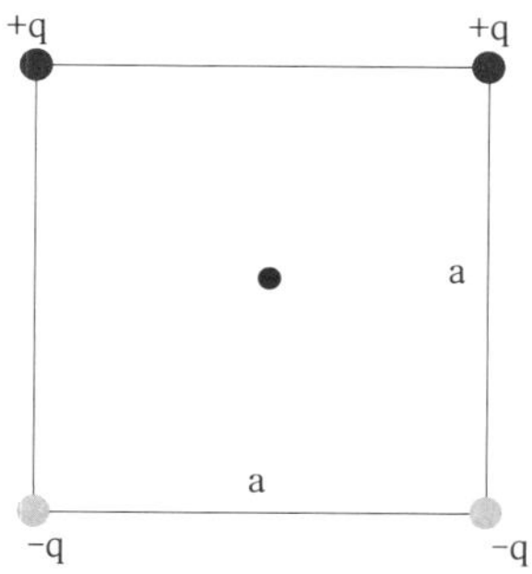

02

속이 빈 절연 구가 안쪽 반지름이 바깥 쪽 반지름이 b이다. 절연 물질 내부에는 전하 밀도가 $\rho(r)$=A /r(A는 상수, r은 원점에서의 거리)로 주어진다.

1) A와 a를 이용하여, $a<r<b$에서의 전기장의 크기를 표현하라.

2) 점전하 q가 구의 중심(r=0)에 놓여있다. A와 a를 이용하여, $a<r<b$인 영역에서 전기장이 일정하기 위한 q의 값을 A와 a를 이용하여 구하라. 또한, 그러한 조건에서의 $a<r<b$ 영역의 전기장의 크기를 구하라.

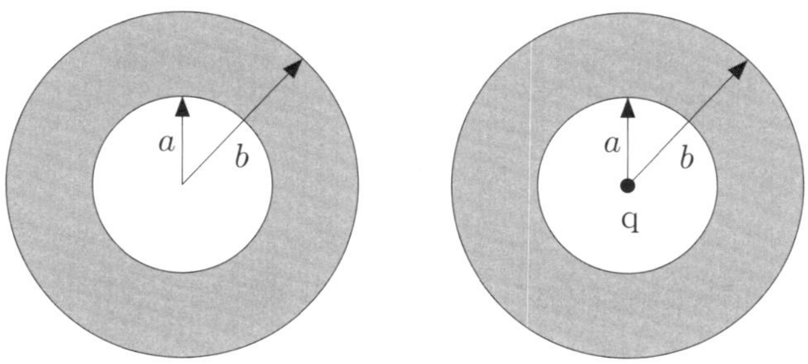

(a) (b)

03

얇고 길이가 L인 막대에 양의 전하 Q가 고르게 분포되어 있다. $V(\infty)=0$인 조건에서 다음 문제들에 답하라.

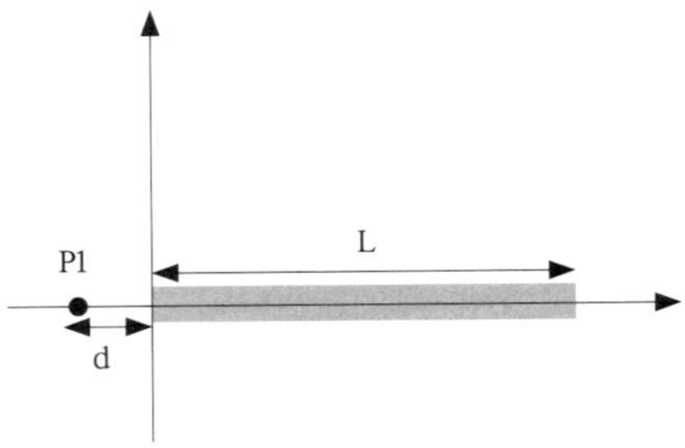

1) 점 P1에서의 전기 퍼텐셜을 구하라.

2) 1)에서의 결과를 이용하여 점 P1에서의 전기장의 성분 E_x를 구하라.

04

동축 실린더 축전기가 두 개의 길이가 L이고 얇은 전도성 실린더로 구성되어 있다. 안쪽 실린더의 반지름은 R이고 선 전하밀도 $+\lambda$가 균일하게 분포되어 있다. 바깥 실린더의 반지름은 $2R$이고 선 전하밀도 $-\lambda$가 균일하게 분포되어 있다. 두 실린더 사이 공간은 진공이다.

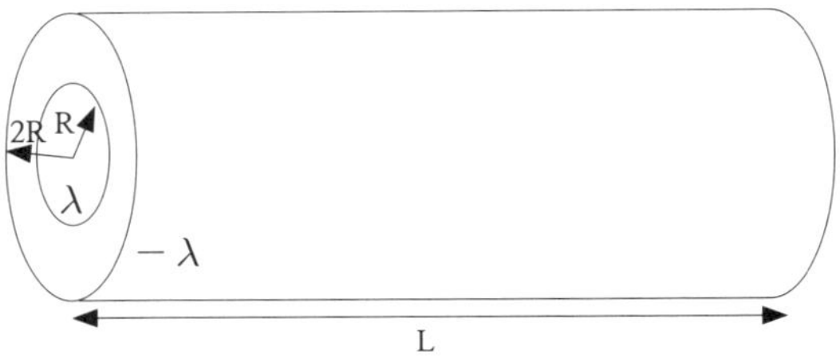

1) 위 실린더의 축전 용량을 구하라.

2) 위 실린더에 저장된 총 정전기 에너지를 구하라.

05

내부 저항이 r인 $12V$의 전원이 내부저항이 1Ω이고 기전력이 ε인 전지에 연결되어있다. 회로에 흐르는 전류의 크기와 방향은 아래 그림과 같다. r, ε, 전원에 흐르는 전류 I를 구하라.

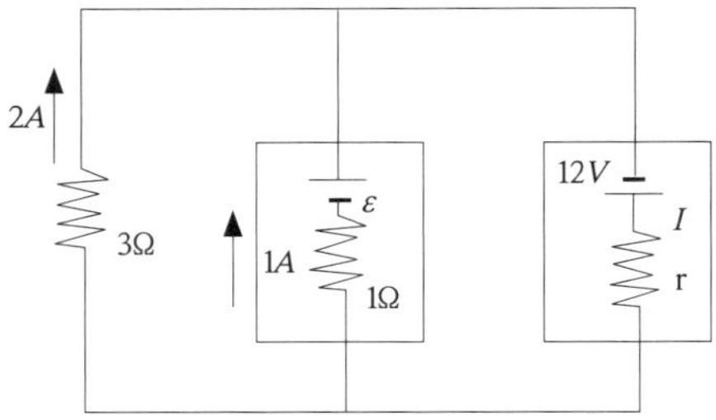

CHAPTER 06

2017년 | 2학기 기말

01

점 A에 있는 전자가 $v_0=1.6\times10^6\,\mathrm{m/s}$의 속도로 균일한 자기장 속에 들어간다.
(단, 중력은 무시한다.)
$e=1.6\times10^{-19}\,\mathrm{C}$, $m_e=1.0\times10^{-30}\,\mathrm{kg}$, $\pi=3.0$로 두고 계산하라.

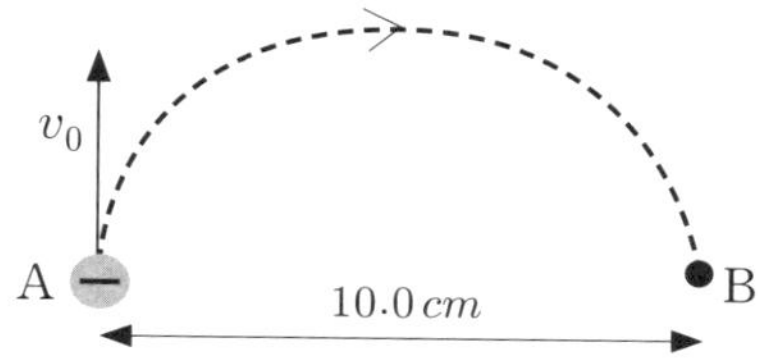

1) 전자가 점 A에서 점 B로 직경이 10.0cm인 반원을 그리며 이동하게 만드는 자기장의 크기와 방향을 구하라.

2) 점 A에서 점 B로 이동하는데 걸리는 시간을 구하라.

02

길이가 l이고 너비가 w인 사각형 도선 고리가 변하는 자기장 $\vec{B}=\hat{j}B_0\sin\omega t$ 속에 놓여있고, ϕ는 자기장과 면 벡터 $\vec{A}$ 사이의 각이다. $t=0$일 때, 고리의 법선은 y축과 평행하다(즉, $\phi=0°$).

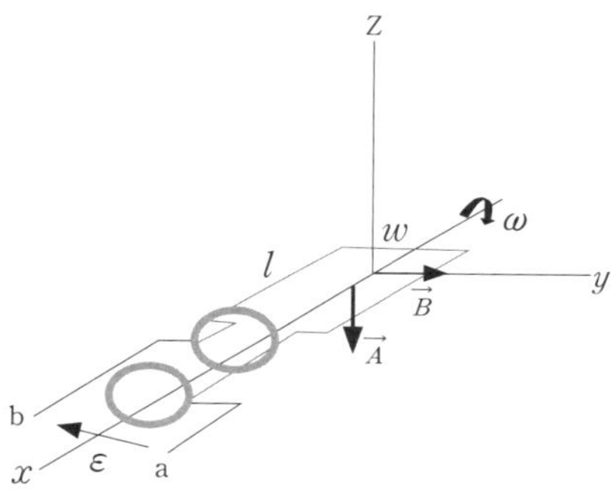

1) 고리가 멈춰있을 때($\phi=0°$) 고리에 유도된 기전력 ε을 구하라.

2) 고리가 각속도 x축에 대해 ω로 돌고 있을 때, 고리에 유도된 기전력 ε을 구하라.

03

아래와 같이 자기장이 주어진 전자기파가 있다.

$\vec{B}(x,t) = -(8\times10^{-9}\,\mathrm{T})\hat{j}\cos[(1\times10^{4}\,\mathrm{rad/m})x+\omega t]$

물음에 답하라.

$E_{max}=cB_{max}$, $c=3.0\times10^{8}\,\mathrm{m/s}$, $\mu_0=1.2\times10^{-6}\,\mathrm{T\cdot m/A}$, $\pi=3.0$.

1) 전자기파의 전파 방향과 각 진동수를 구하라.

2) $\vec{E}(x,t)$를 구하라.

3) 포인팅 벡터 $\vec{S}(x,t)$의 평균의 크기로 정의된 세기(intensity)를 구하라.

04

R–L–C 직렬 회로가 진폭이 일정하고 각진동수가 변하는 교류 전원에 연결되어 있다. 각 물음에 답하라.

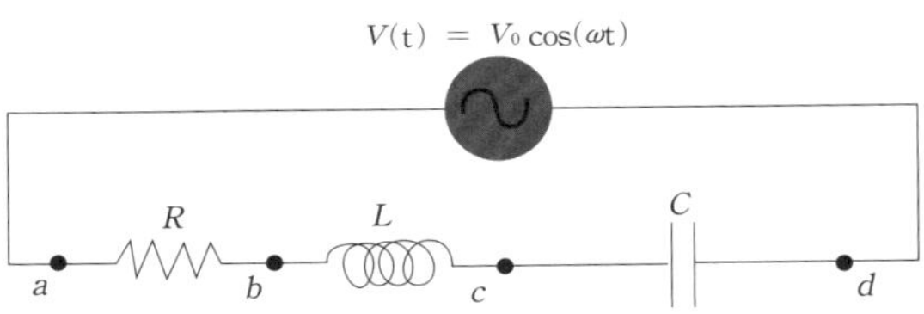

1) 전류의 진폭을 계산하고, 각 지점 사이의 전압의 진폭 V_{ab}, V_{bc}, V_{cd}을 계산하라.

2) 저항에서 소비되는 평균 전력(power)이 최대가 되는 조건을 구하고, 그 때의 전력을 구하라.

3) 2)의 조건일 때, V_{bc}와 V_{cd}를 계산하라.

05

세기(intensity)가 I_0인 비편광 빛이 편광 필터로 입사한다. 첫 번째 필터는 수직축과 30.0°의 각을 이루고 두 번째 필터는 수평이다.

1) 두 번째 필터를 통과한 후 빛의 세기는 얼마인가?

2) 파장이 600nm인 단색광이 공기에 걸려있는 비누막(n=1.20)에 수직으로 입사한다. 비누막에서의 반사가 완전히 보강 간섭을 일으키게 하는 비누막의 두께 중 두 번째로 작은 두께는 얼마인가?

Memo

CHAPTER 07

2018년

CHAPTER 07

2018년 | 1학기 중간

01 고도 0m에서 작은 로켓이 수직으로 속력 100m/s를 가진채 발사됐다. 엔진이 꺼진 후 로켓은 최대 고도 1500m에 도달했다. 엔진이 켜져있는 동안 로켓이 일정한 가속도로 날아갔다고 했을 때, 출발 이후 몇초동안 엔진이 켜져있는지, 그리고 엔진이 꺼졌 을때의 고도는 어떻게 되는지 구하시오. (공기저항은 무시하고, 중력가속도는 $g=10m/s^2$으로 일정하다고 가정한다)

02 질량 2kg인 블록 A와 질량 1kg인 블록 B가 도르래를 거쳐 끈으로 서로 연결돼 있다. 블록 C는 A 위에 놓여있다. A와 C 사이의 정지마찰계수는 0.2이고, 운동마찰계수는 0.19이다. 끈과 도르래의 질량은 무시할 수 있을 정도이고, 끈의 길이는 변하지 않는다. A와 테이블사이의 마찰은 없는 상태이다. 중력가속도는 $g=10m/s^2$ 이다.

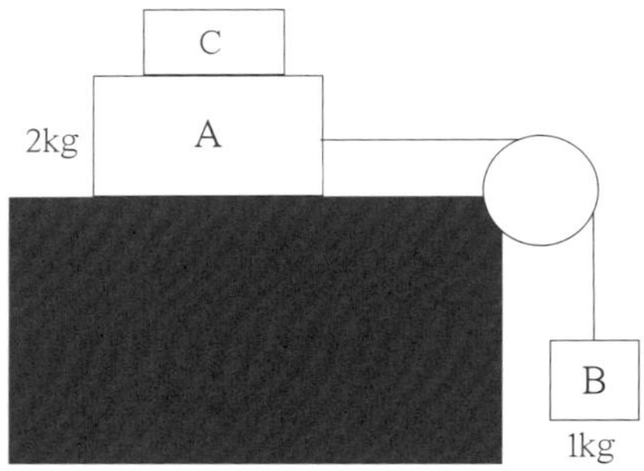

(a) A가 미끄러져 가는 동안, C가 A위에서 떨어지지 않기위해서 필요한 C의 최소질량을 구하시오.

(b) C의 질량이 1kg일 때, C가 A위에서 움직이고 있는 동안 A와 C의 가속도를 구하시오.

03

1500kg의 로켓이 위쪽방향으로 60m/s의 속도로 발사시키는게 목표다. 속력을 더해주기 위해, 공학자들은 53°의 경사로 위에서 로켓을 출발시키기로 했다. 경사로의 끝은 방향이 위쪽방향으로 꺾여 있어서 로켓을 수직으로 발사할 수 있게끔 설계되어있다. 엔진이 2000N의 일정한 추력을 만들어 내고, 로켓과 경사로사이의 마찰력은 500N으로 일정하다. 경사로 끝에서 L만큼 떨어진 곳에서부터 로켓을 출발시킨다고 했을 때, 이때 필요한 L의 값을 구하시오.(공기저항은 무시한다. cos(53°) =0.6이고, 중력가속도 g=10m/s^2이다.

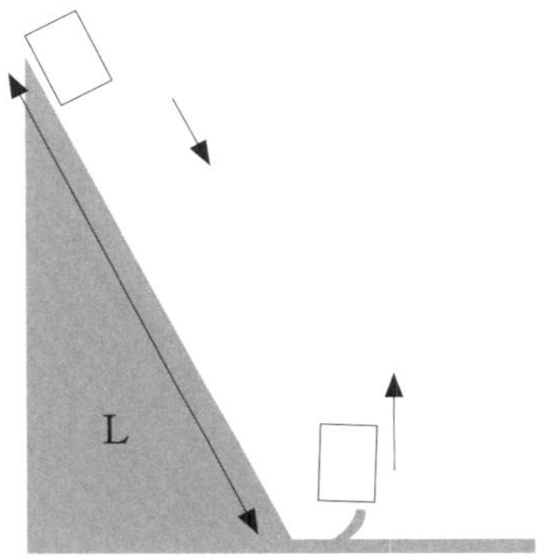

04

질량이 m_B인 총알이 발사되어 질량이 m_w인 나무 블록과 완전비탄성 충돌을 하였다. 나무블록은 길이 L에 질량이 없는 두 개의 끈으로 천장과 연결되어 있다. 총알과의 충돌 이후, 나무 블록은 수직방향으로 최대 h만큼 올라갔다. 중력가속도는 g로 일정하고, 공기저항을 무시할 때 다음을 구하시오.

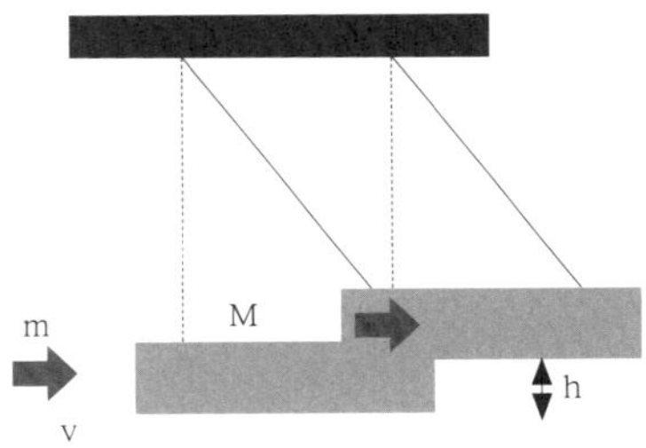

(a) 충돌전 총알의 속력 v를 구하시오.

(b) 총알의 운동에너지가 얼마만큼 줄어드는지 구하시오.

05 질량이 M이고 반지름이 R인 균일한 원통이 고정점 O를 중심으로 돌아가게 해 놓았다. 질량이 4M이고 반지름이 2R인 균일한 원통은 고정점 O'를 중심으로 돌아가게 해 놓았다. 질량이 4M인 원통에 연결된 실은 다른 쪽 끝에 질량 m인 블록이 연결돼 있고, 그림과 같이 질량 M인 원통위를 지난다. 두 원통은 가만히 있다가, 블록이 아래로 내려가기 시작하면 미끄럼 없이 움직이기 시작한다. 질량이 M이고 반지름이 R인 균일한 원통의 관성모멘트는 $I_{cm} = \frac{1}{2}MR^2$이고, 실의 질량과 공기저항은 무시한다. 중력가속도 g는 일정하다.

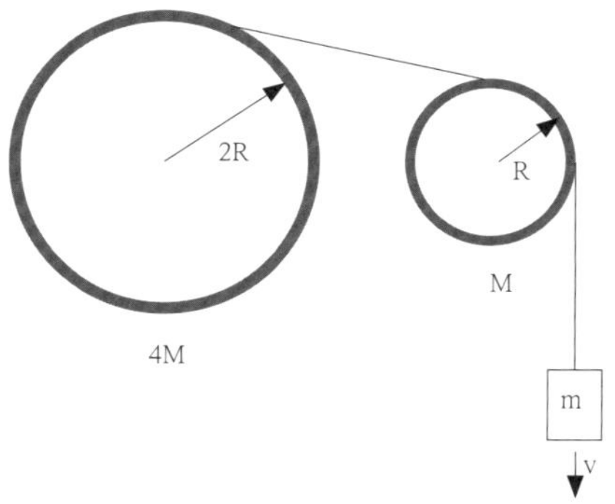

(a) 두 원통이 움직일 때, 4M인 원통의 각속도를 w', M인 원통의 각속도를 w라고 한다면 w'/w의 값이 어떤지 구하시오.

(b) 질량이 M인 원통이 한 바퀴 다 돌았을 때 블록의 속력 v를 구하시오.

CHAPTER 07

2018년 | 1학기 기말

01

질량이 m이고 반지름이 R인 균일한 원반이 고정점 O에 매달려 있다. O는 원반의 질량중심과 $d=\frac{2}{3}R$ 만큼 떨어져있다. 원반을 평형상태에서 작은 각도 θ_m만큼 돌아가게 한 후 놓으니 움직이기 시작했다. 원반의 질량중심에 대한 관성모멘트는 $I_{CM}=\frac{1}{2}mR^2$이고, 중력가속도는 g로 일정하다.

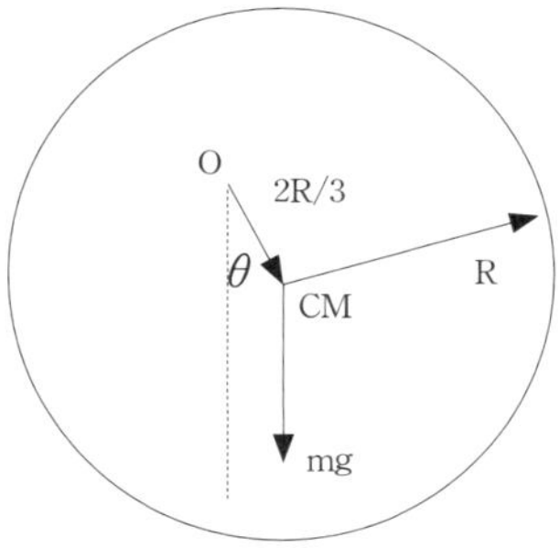

(a) 원반의 각위치 $\theta(t)$에 대한 미분방정식을 구하시오.

(b) 각속도 w와 진동의 주기 T를 구하시오.

02

호수에서 직선으로 뻗어나가는 파도는 다음과 같은 방정식으로 기술될 수 있다. $y(x,t)=(4.0\text{cm})\cos[(0.30\text{rad/cm})x-(0.50\pi\text{rad/s})t]$. y는 잔잔한 수면을 기준으로 했을 때 수직방향 변위이다. 계산할 때 $\pi=3.0$을 이용하라.

(a) 파동이 한번 반복되는데 걸리는 시간과, 그때 나아간 거리를 구하시오.

(b) 파수(wave number)와 파동의 진동수를 구하시오.

(c) 파동의 진행속도를 구하고, 호수 표면에 부표를 던져놓았을 때 파동이 위아래로 움직이면서 부표를 움직이게 한다. 이때 부표의 최고 속력을 구하시오.

(d) $x=1/0.30$cm이고, $t=2.0/\pi$ s 일 때 수직방향 변위를 구하시오.

03 지구 질량을 M이라 했을 때, 질량이 m인 로켓이 반지름 R인 원형궤도를 주기 T로 돌고 있다. 로켓이 잠깐 가속되어 궤도의 반경이 4R로 늘어난 뒤, 다시 원형궤도를 돌고 있다. 중력상수는 G이고, 공기저항은 무시한다.

(a) 늘어난 궤도에서 지구가 로켓에 가하는 힘을 구하시오.

(b) 늘어난 궤도에서의 새 주기를 T로 표현하시오.

(c) 로켓의 운동에너지 변화량을 구하시오.

(d) 궤도의 반지름이 바뀌면서, 로켓이 한 일의 양을 구하시오.

04 길이가 2.0m이고 질량이 3.0kg인 얇고 균일한 봉이 바닥에 경첩으로 고정된채 수직하게 서있다. 질량이 1.0kg인 총알이 수평방향으로 10m/s의 속도로 날아와 봉의 질량중심에 부딪혀 박혀들어갔다. 얇은 봉의 관성모멘트는 $I_{CM}=(1/12)ML^2$이고, 중력가속도는 $g=10m/s^2$으로 일정하며 $\sqrt{3}\approx 1.7$로 계산한다.

(a) 총알－봉 시스템에서 보존되는 물리량과 그 이유를 간단히 설명하시오.

(b) 총알이 부딪힌 순간 봉의 각속도를 구하시오.

(c) 봉이 바닥에 닿은 순간 각속도를 구하시오.

CHAPTER 07

2018년 | 2학기 중간

01

$+Q$의 전하가 x축을 따라 $x=0$에서 $x=a$까지 고르게 분포되어 있다. $-Q$가 축을 따라 $x=0$에서 $x=-a$까지 고르게 분포되어 있다. 점전하 q가 양의 y축 상에 있고 원점에서 y만큼 떨어져 있다. 전하 분포는 1차원이다. (단, Q , $a>0$)

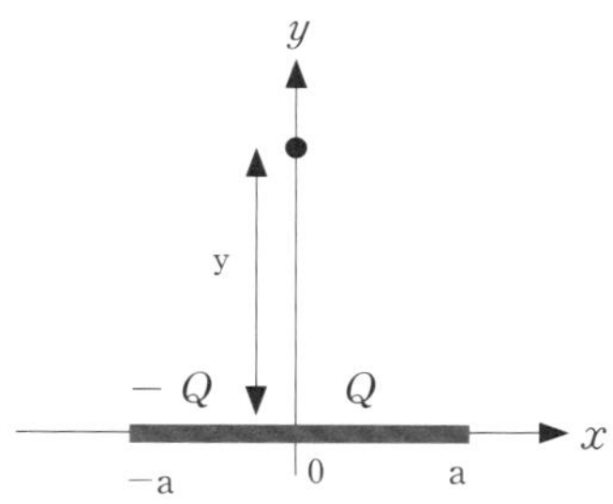

1) 위 전하 분포가 점전하 q에 가하는 쿨롱 힘의 크기와 방향을 구하라.

2) 쿨롱힘의 크기가 $y \gg a$인 영역에서 y^{-3}에 비례함을 보여라.

힌트 $\dfrac{1}{\sqrt{1+x}} \approx 1-\dfrac{1}{2}x$ for $x \ll 1$

02

각 물음에 답하여라

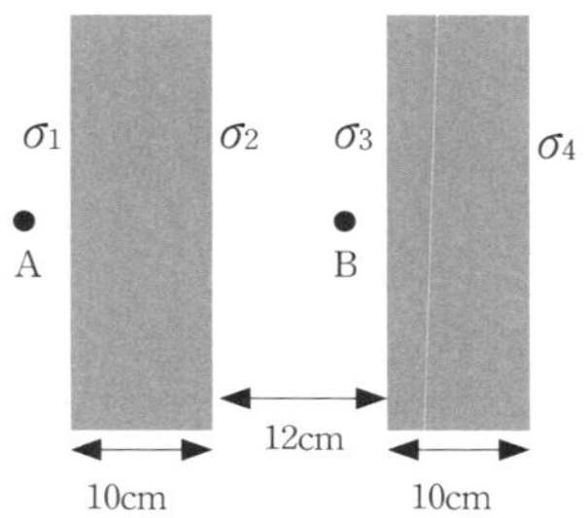

1) 진공에서의 가우스 법칙을 정확하게 적어라.

2) 가우스 법칙을 이용하여, 무한한 얇은 부도체 시트(sheet)에 의한 전기장의 방향과 크기를 구하라. 무한한 부도체 시트에는 $\sigma(\sigma>0)$의 면 전하밀도가 균일하게 분포되어있다.

3) 이제는 주어진 그림처럼 매우 큰 부도체 시트를 고려하겠다. 이 시트의 두께는 10.0cm이고, 각 면에는 균일한 전하밀도(σ_1, σ_2, σ_3, σ_4)가 분포되어 있다. 각 전하밀도의 값은 다음과 같다.

$\sigma_1 = -6.00\mu C/m^2$, $\sigma_2 = +5.00\mu C/m^2$, $\sigma_3 = +2.00\mu C/m^2$, $\sigma_4 = +4.00\mu C/m^2$.

가우스의 법칙을 이용하여 아래쪽 끝(edge)부분과 위쪽 끝부분에서 멀리 떨어진 지점인 점 A와 점 B에서의 전기장의 크기와 방향을 구하라. 점 A는 왼쪽 시트에서 5cm 떨어져 있고, 점 B는 오른쪽 시트에서 1.25cm떨어져 있다.

(단, $\epsilon_0 \approx 10^{-11} C^2/N \cdot m^2$로 계산하라)

03

안쪽 반지름이 b이고 바깥쪽 반지름이 c인 도체 구껍질 안에 반지름이 a인 고체구가 있고, 두 물체의 중심은 같다. 고체구에는 $+Q$ 알짜 전하가 있고, 구 껍질에는 $+2Q$ 알짜 전하가 있다. (단, 나머지 영역은 진공이라 가정)

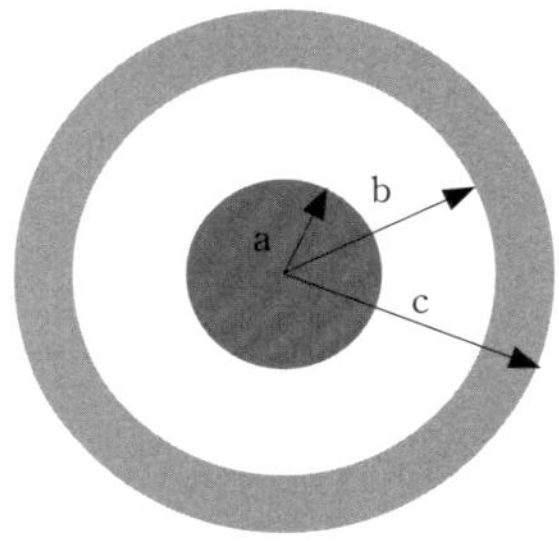

1) 구 껍질의 각 면에 알짜전하를 구하라.

2) 다음 각 영역에서의 전기 퍼텐셜을구하라. (단, $V(\infty)=0$이고, 은 중심으로부터의 거리이다.)

(i) $r>c$, (ii) $b<r<c$, (iii) $a<r<b$, (iv) $r=a$

3) $r<a$에서 전기 퍼텐셜은 $V = -\dfrac{Q}{8\pi\epsilon_0 a^3} r^2 + K$(K는 상수)로 주어진다.

$r<a$에서의 전기장의 크기를 구하라

04

두 개의 안이 텅 빈 동심 구형 도체의 반지름이 각각 R, $3R$이다. 두 도체 사이 공간은 진공이다. 유전 상수가 K인 유전체를 안쪽 구 표면에서 $2R$까지의 영역을 채운다.

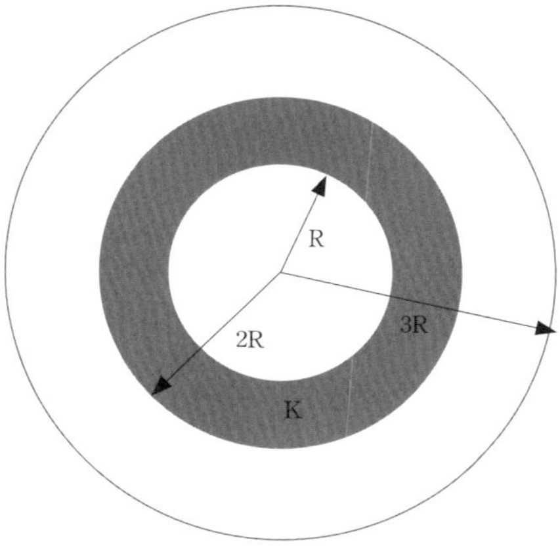

1) 유전체가 없을 때, 이 구형 축전기의 축전용량을 구하라.

2) 유전체가 있을 때, 이 구형 축전기의 축전용량을 구하라.

CHAPTER 07

2018년 | 2학기 기말

01 아래 그림처럼 회로가 구성되어 있다. 다음 물음에 답하라.

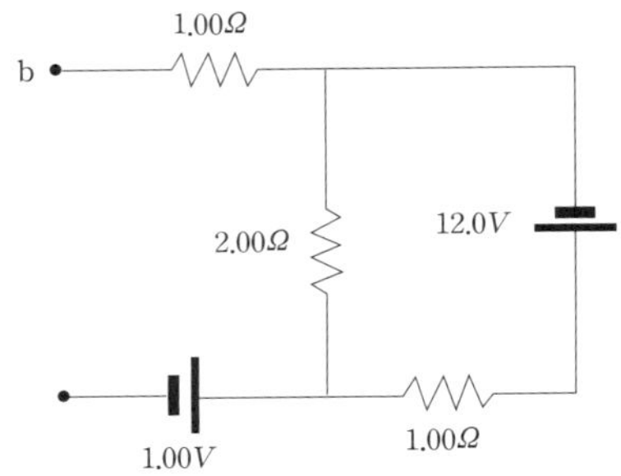

1) 점 b에 대한 점 a의 퍼텐셜을 구하라.

2) 만약 점 a와 점 b가 저항이 없는 도선으로 연결되어 있다면, 각 전지와 저항에는 얼마의 전력(Power)이 소모되는가?

02 어떤 길고, 얇고, 곧은 도선의 단면적은 사각형이다. 이 도선들을 차곡차곡 옆으로 나열하여서 시트(sheet)를 만들었고, 전류의 방향은 종이를 뚫고 나오는 방향이다. 이 도선들 아래로 거리가 d 만큼인 곳에이와 평행하면서 전류의 방향이 반대가 되게 도선들을 배치하여 새로운 시트를 만들었다. 각 시트는 단위길이 당 n개의 도선이 있다. 알짜 자기장의 방향과 크기를 각 경우에 대해서 구하라.

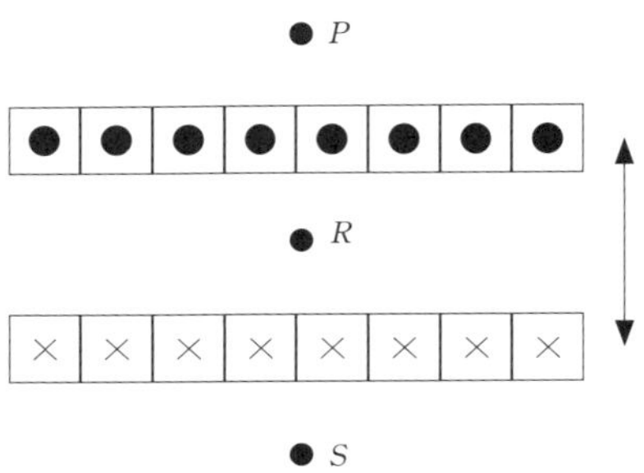

1) 점 P (위쪽 시트보다 위쪽)

2) 점 R (두 시트의 중간)

3) 점 S (아래 시트보다 아래)

03

이산화탄소 레이저가 사인형 전자기파를 $-x$방향으로 방출한다. 전가지파의 파장의 크기는 $\lambda = 6.0 \times 10^{-6} m$이고, 전기장의 크기는 $E_{max} = 3.0 \times 10^{6} V/m$이며, 전기장의 방향은 z축과 평행하다. (단, $c = 3.0 \times 10^{8} m/s$, $\pi = 3.0$으로 계산하라)

1) 초기 조건이 $\vec{E}(0,0) = E_{\max}\hat{k}$ 일 때, 전기장 벡터와 자기장 벡터를 시간과 위치의 함수로 적어라.

2) 전자기파의 포인팅 벡터 $\vec{S}$ 와 세기(intensity) I를 계산하고, 1)에서의 전자기파를 묘사하기 위해서 3차원 그림을 그려라.

04

진공에서, 길이가 L인 얇은 금속 막대가 얇은 전도성 레일 위에서 등속도 v로 오른 쪽으로 운동한다. 그림처럼 레일에 평행한 얇고 긴 도선에 전류 i가 흐른다. 이 도선은 자기장 $\vec{B}$을 만들고 레일과 d만큼 떨어져 있다. 레일과 금속 막대로 구성된 회로의 저항은 R이다.

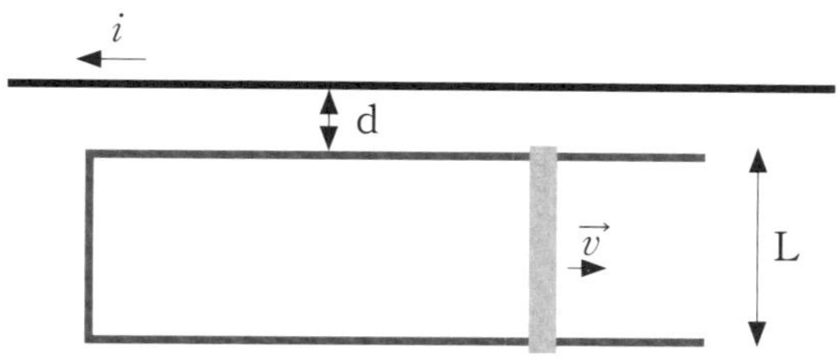

1) 유도된 기전력의 크기를 구하고, 유도된 전류의 방향을 구하라.

2) 막대에 작용하는 자기력 $\vec{F}$를 구하라.

05

각진동수가 $\omega = 1.00 \times 10^4 rad/s$인 교류 회로인 L−R−C를 고려하자. $R = 40.0\Omega$, $C = 0.400\mu F$, $V\text{s} = 10.0V$이다. 저항에서 소모되는 평균 전력(power)은 $1.60W$이다.

1) 회로의 흐르는 전류의 rms 값을 구하라.

2) 전원의 전압이 전류에 뒤쳐질 때, 인덕턴스 L를 구하라.

06

세기(Intensity)가 I_0이고 비편광된 빛이 그림과 같이 z축을 따라 세 개의 이상적인 편광 필터를 통과한다. 필터의 면은 축에 수직이고 두 번째 필터는 각속도 ω로 돌고 있다. (즉, $\theta = \omega t$)

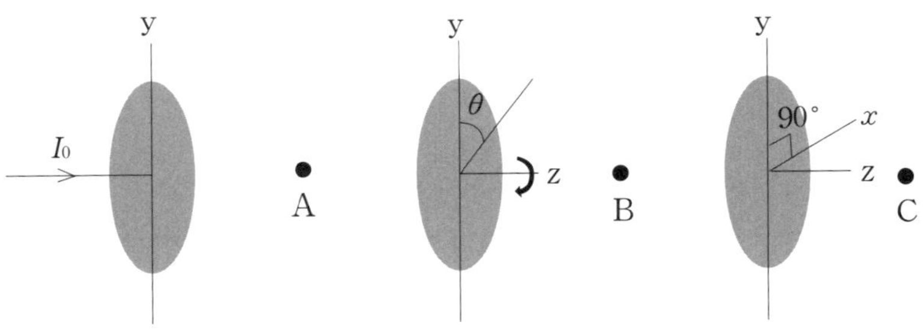

1) $\theta = 30°$인 시각일 때, 점 B와 점 C에서의 빛의 세기는 얼마인가? (단, I_0를 이용하여 나타내라.)

2) 점 C에서의 빛의 세기를 ω의 함수로 나타내라. 점 C에서의 최댓값은 얼마인가?

CHAPTER 08

2019년

CHAPTER 08

2019년 | 1학기 중간

01

영화 스턴트맨이 일정한 속도를 가진채 남쪽을 향해 40m 상공 위 헬리콥터에서 뛰어내렸다. 스턴트맨의 속도는 위쪽방향으로 10m/s이고, 수평방향으로 15m/s이다. 공기저항은 무시한다.

(a) 스턴트맨의 속도와 위치를 시간 t에 대해 나타내시오.

(b) 스턴트맨이 도달할 수 있는 최고 고도를 찾으시오.

(c) 스턴트맨이 헬리콥터에서 뛰어내린 지점으로부터 얼마나 먼 곳에 착지용 매트를 설치해야 하는지 구하시오. (중력가속도는 $g=10m/s^2$라고 가정한다)

02

질량 1kg의 작은 블록이 수직으로 세워져있는 반지름 R=2m의 원형궤도 안쪽에서 돌고 있다. 블록과 궤도 사이의 마찰력은 없다고 가정한다. 블록이 궤도의 바닥쪽에 있을 때 궤도가 블록에 가하는 수직항력은 75N이다. 이때 블록이 궤도의 꼭대기 부분에 있을 때 궤도가 블록에 가하는 수직항력을 구하시오. (중력가속도는 $g=10m/s^2$라고 가정한다)

03

학생을 태운 썰매(총 질량 w)가 눈 덮인 언덕을 내려오고 있다. 언덕의 경사는 일정하다.

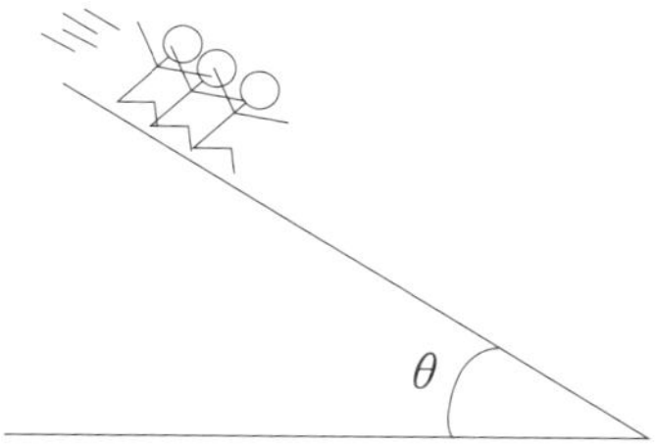

(a) 썰매와 언덕 사이에 마찰력이 없다고 가정하자. 이때의 가속도를 구하시오.

(b) 썰매 밑바닥의 왁스가 닳아버려 썰매와 바닥간의 마찰이 생겨났다. 운동마찰계수를 μ_k, 정지마찰계수를 μ_s, 언덕의 경사를 θ라고 하자. θ를 0부터 점점 증가시킬 때 θ_1에서부터 썰매가 미끄러지기 시작했다. 이때 θ_1을 구하시오.

(c) (b)에서 썰매가 미끄러지기 시작한 이유를 설명하고 이때의 가속도를 구하시오.

04

그림과 같이 질량 m_1인 진자가 정지해 있는 질량 m_2 진자와 탄성충돌하는 상황을 생각해보자.

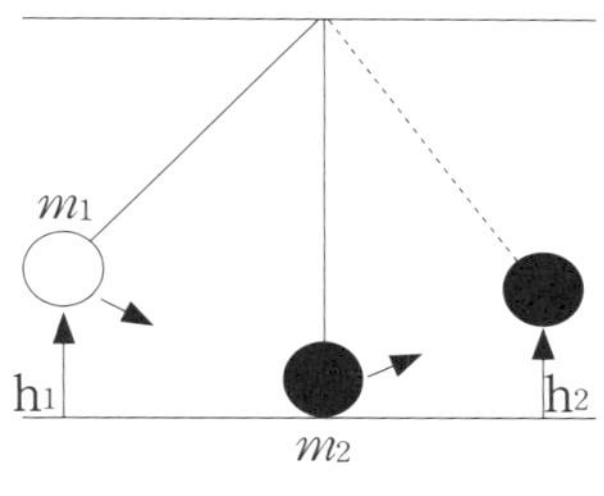

(a) 충돌직전 m_1 진자의 속력을 구하시오.
(중력가속도는 $g=10m/s^2$이고 $h_1=1.25m$이다.)

(b) $m_1=3m_2$라고 할 때, 충돌 직후 m_1과 m_2의 속력을 구하시오.
(운동량 보존과 에너지 보존법칙을 이용하시오)

(c) $m_1=3m_2$라고 할 때, m_2가 도달할 수 있는 최대 높이를 구하시오.

05 질량 m인 두 개의 점입자 P_1과 P_2는 원점 O, 그리고 서로가 얇고 단단한 봉으로 그림과 같이 연결돼 있다.

봉 하나는 질량 M, 길이가 d이고 다른 하나는 질량 2M, 길이 2d이다. 봉과 점입자의 연결체는 원점 O를 회전축으로 하여 각속도 ω로 회전하고 있다. 질량이 M이고 길이가 L인 얇은 막대의 질량중심에 대한 관성 모멘트는 다음과 같다.

$I_{cm} = \frac{1}{12} ML^2$

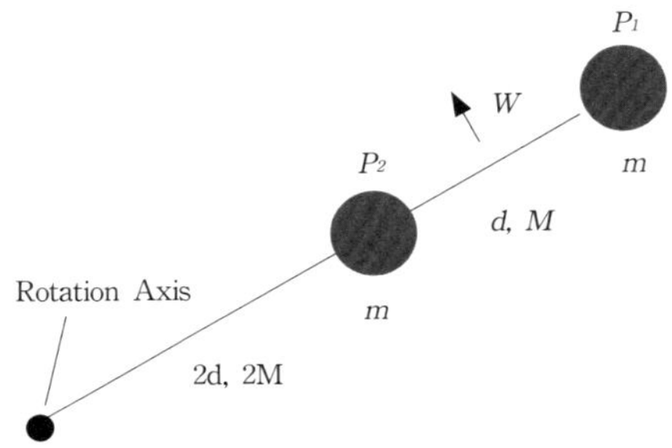

(a) 원점 O로부터 가장 멀리 떨어진 입자 P_1의 병진속도와 가속도의 크기를 구하시오.

(b) 원점 O에 대하여, 질량 M인 봉의 관성모멘트와 연결체 전체의 관성 모멘트를 각각 구하시오.

(c) 점입자 P_1의 운동에너지와, 연결체 전체의 운동에너지를 각각 구하시오.

CHAPTER 08

2019년 | 1학기 기말

01

그림은 길이가 0.6m이고 질량이 M이며 반시계 방향으로 80rad/s의 각속도로 돌아가는 얇고 균일한 봉을 위에서 내려다 본 모습이다. 질량이 $\frac{1}{3}M$인 입자가 40m/s의 속도로 움직이다가 봉에 부딪힌뒤 달라붙었다. 입자의 경로는 봉과 수직하고, 달라붙은 위치는 회전축과 d 만큼 떨어져 있다. 고체 봉의 관성 모멘트는 $I_{rod}=\frac{1}{12}ML^2$, M과 L은 봉의 질량과 길이이다.

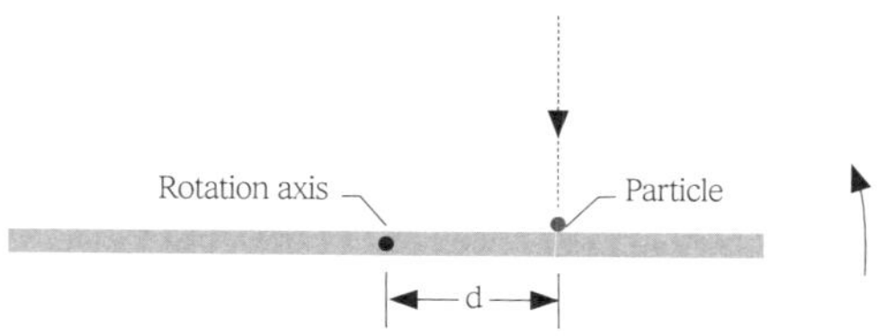

(a) 입자가 부딪힌 후 정지할때 d의 값을 구하시오.

(b) d의 값이 (a)에서 구한 값보다 클 경우, 충돌 이후에 봉은 어느 방향으로 회전하는지 구하시오.

02

그림과 같이 열린 물탱크에서 물이 지속적으로 흘러나오고 있다. 점1의 높이는 25m이고, 점2와 점3의 높이는 5m이다. 점2의 단면적은 $0.2m^2$, 점3의 단면적은 $0.05m^2$이다. 물탱크의 면적은 파이프의 단면적에 비해 매우 크다. 베르누이의 정리를 이용하여 다음을 계산하시오.

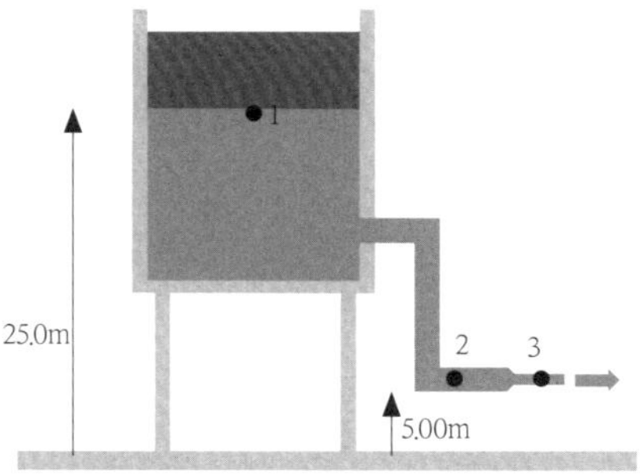

(a) 빠져나가는 물의 양을 m^3/s로 나타내시오.

(b) 점2에서의 게이지 압력(대기압을 기준으로 했을때의 압력차이)를 구하시오. (중력가속도 g=10m/s^2, 물의 밀도 $\rho_{water}=1.0*10^3kg/m^3$이다.)

03

균일한 질량분포를 가진, 반지름이 a이고 질량이 M인 매우 얇은 고리가 있다. 질량이 m인 점입자가 고리의 중심축으로부터 x 만큼 떨어진 곳에 위치해 있다. 중력상수는 G이다.

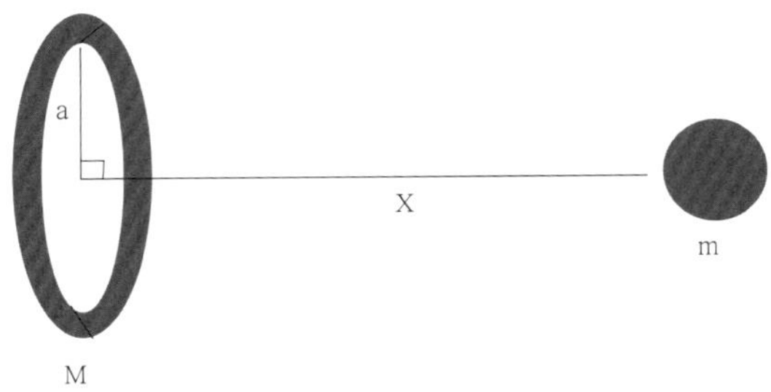

(a) 시스템의 중력포텐셜 에너지 U_g를 구하시오. (두 물체가 무한히 먼 거리에 있을때를 0으로 잡는다.)

(b) x가 고리의 반지름 a보다 훨씬 클 때, (a)에서 구한 값이 어떻게 변할지 예상되는 결과를 쓰시오.

(c) 점입자에 가해지는 중력 $\overrightarrow{F_g}$의 크기와 방향을 구하시오.

(d) 점입자가 고리의 중심에 있을 때 $\overrightarrow{F_g}$의 값을 구하고, 구한 결과가 이치에 맞는지 설명하시오.

04

스프링에 달린 1.5kg의 물체가 스프링을 원래상태에서 2.5cm 늘린채로 천장에 가만히 매달려있다. 어느 순간, 물체가 평형상태를 기준으로 진폭 2cm로 진동하기 시작했다. 평형상 태에서의 중력포텐셜 에너지를 0으로 잡는다. (중력가속도 $g=10m/s^2$이다)

(a) 시스템의 전체 에너지를 구하시오.

(b) 물체가 가장 아래에 위치할 때 중력 포텐셜 에너지를 구하시오.

(c) 물체가 가장 아래에 위치할 때 스프링의 탄성 포텐셜 에너지를 구하시오.

(d) 물체의 최대 운동 에너지를 구하시오.

05

진동수 f가 2MHz인 음파는 임산부의 복부를 지나 태아의 심벽에서 반사된다. 반사된 음파는 투과된 소리와 섞여서, 초당 80회로 관측된다. 관측이 이루어질 때, 태아의 심벽은 관측자 쪽으로 v_w의 속도로 움직인다. 체내에서 소리의 전달속도 v는 1500m/s이다.

(a) 관측자입장에서 반사된 음파의 진동수를 v_w, v, f로 나타내시오.

(b) 관측이 이루어졌을 때 v_w의 값을 구하시오.

CHAPTER 08

2019년 | 2학기 중간

01 반지름이 a인 원형 도선에 Q의 전하가 고르게 분포하고 있다. 원의 축에 위치하는 점 P에서의 전기장의 크기를 구하라. (점 P는 원의 중심으로부터 x만큼 떨어져 있다.)

02 아래 그림은 전하가 균일하게 분포된 두 고체 구의 단면적을 보여주고 있다. 각 구의 반지름은 R이다. 점 P는 두 고체 구의 중심을 잇는 선상에 위치하며, 1번 구의 중심에서 $R/2$만큼 떨어져 있다. 점 P에서의 알짜 전기장이 0이라면 두 구의 전하량의 비율 q_2/q_1는 얼마인가?

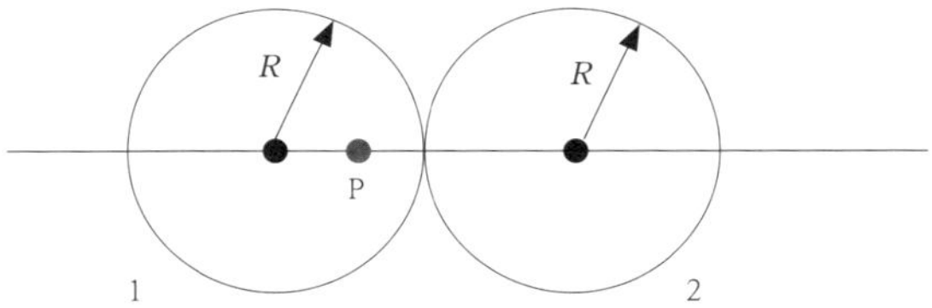

03 두 개의 평행한 두 개의 도체 판이 있다. 각각은 균일한 면 전하밀도 $+\sigma$, $-\sigma$를 가지고 있고, 서로 만큼 떨어져 있다.

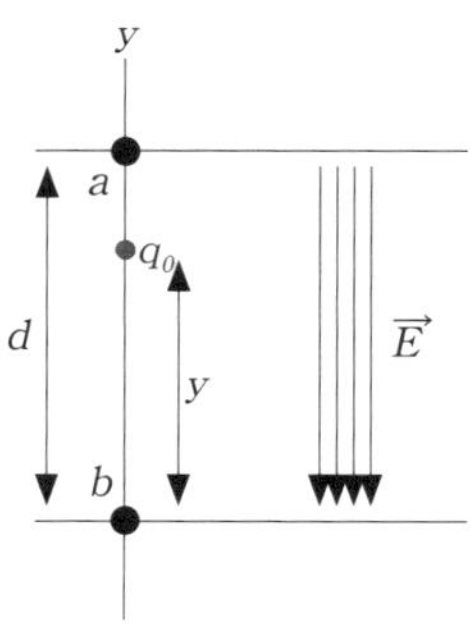

1) 두 판 사이 영역에서의 전기장을 가우스 법칙을 사용하여 구하라.

2) 두 판 사이의 퍼텐셜 차이 $V_{ba}=V_b-V_a$를 유도하라.

3) 점 a에 질량 m이고 전하량이 q_0인 점전하를 둔다면, 이 점전하의 점 b에서의 속도를 구하라.

04

평행판 축전기 퍼텐셜 V 까지 충전된 후. 충전하던 회로로부터 끊어졌다. 두 판 사이의 거리를 천천히 변화시키면 $d \to d'$ 얼마만큼의 일을 하게 되는가? 각 판은 반지름이 r인 원형 판이고, 두 판 사이의 공간은 진공이다.
(단, $r \gg d$)

05

두 축전기는 처음에 방전되어있었다. 스위치 S_2가 닫힌 후 S_1이 닫혔다.

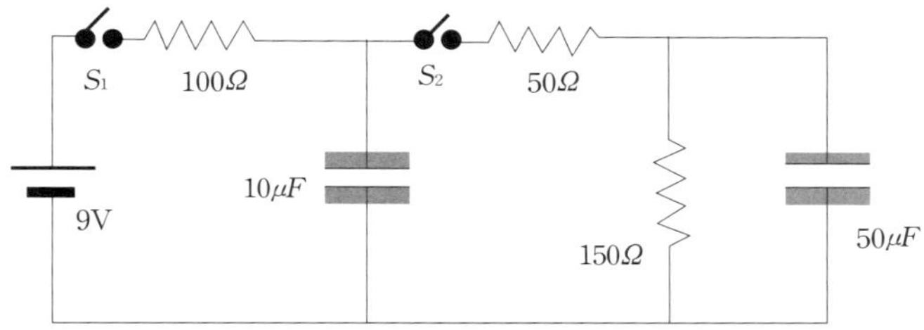

1) S_1이 닫힌 직후 전지에 흐르는 전류는 얼마인가?

2) S_1이 닫히고 시간이 충분히 흐른 후, 전지에 흐르는 전류는 얼마인가?

3) $10\mu F$에 걸치는 최종 전압은 얼마인가?

4) $50\mu F$에 걸치는 최종 전압은 얼마인가?

5) 충분한 시간이 흐른 후 S_2가 다시 열린다. 150Ω 짜리 저항에 흐르는 전류를 시간의 함수로 구하라.

CHAPTER 08

2019년 | 2학기 기말

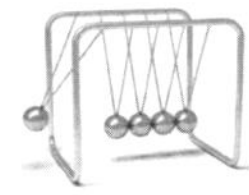

01

두 개의 이온 X_1과 X_5가 순서대로 퍼텐셜 V에 의해 가속 받아 균일한 자기장 속으로 들어간다. 이온 X_1은 q의 전하와 m_1의 질량을 가지고 있고, 이온 X_2는 q의 전하와 m_2의 질량을 가지고 있다. 중력의 효과는 무시하라.

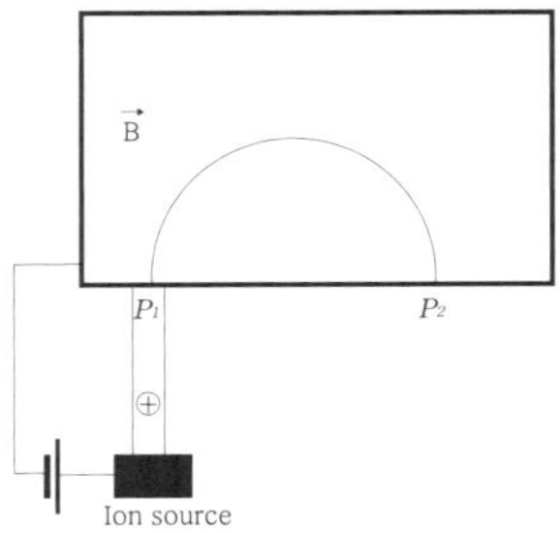

1) X_1이 자기장 속에서 그리는 반원의 반지름 r_1을 구하라.

2) X_1, X_2가 자기장 속에서 그리는 반원의 반지름의 비 r_2/r_1를 구하라.

3) X_1이 P_1에서 P_2로 이동하는데 걸리는 시간을 구하라.

02

xy평면에 수직인 두 도선이 있다. 도선 1의 전류의 방향은 z축 방향이고, 도선 2의 전류의 방향은 $-z$축 방향이다. 전류의 크기는 I로 동일하다. $(\hat{x}\times\hat{y}=\hat{z})$

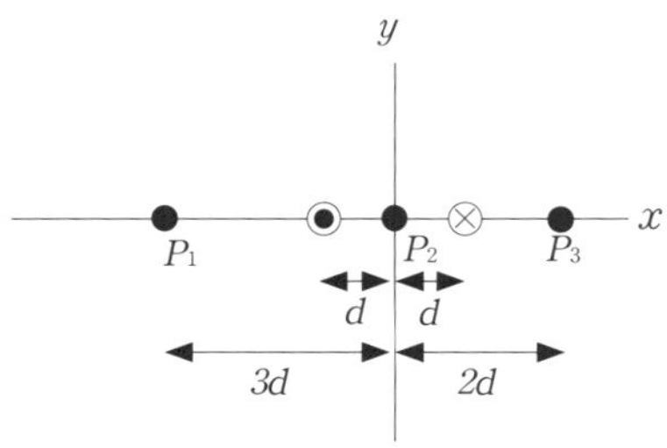

1) 점 P_1, P_2, P_3에서의 자기장의 크기와 방향을 구하라.

2) 두 개의 평행한 도선이 있다. 두 도선에는 같은 크기의 전류 15,000A가 흐르고, 방향은 반대이다. 거리가 4.5mm일 때, 두 도선 사이에 작용하는 단위길이 당 자기력의 크기는 얼마인가? $\mu_0=4\pi\times10^{7}N/A^{2}$

03

긴 솔레노이드의 반지름이 R이고, 단위 길이당 감은 수 는 n이며, $I = I_{max}\cos\omega t$의 전류가 흐른다. ω는 AC 전원의 각진동수이다.

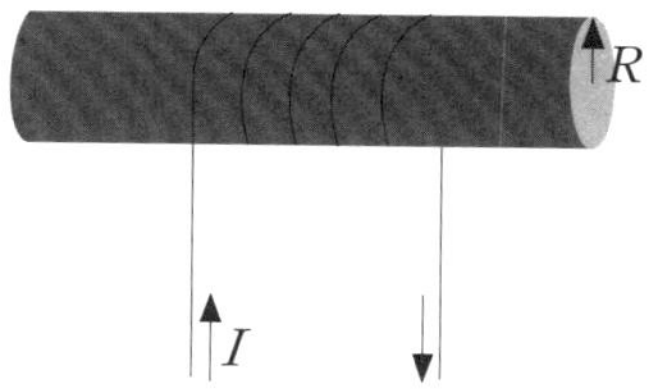

1) $r > R$인 영역, 즉, 솔레노이드 바깥 영역에서의 유도전기장의 크기를 구하라.
(단, r은 솔레노이드의 축으로부터의 거리)

2) $r < R$인 영역, 즉, 솔레노이드 내부 영역에서의 유도전기장의 크기를 구하라.

04

축전기는 처음에 방전되어 있었고 스위치는 1번 위치에 매우 긴 시간 동안 놓여 있었다. (단, $\pi = 3$ 으로 계산)

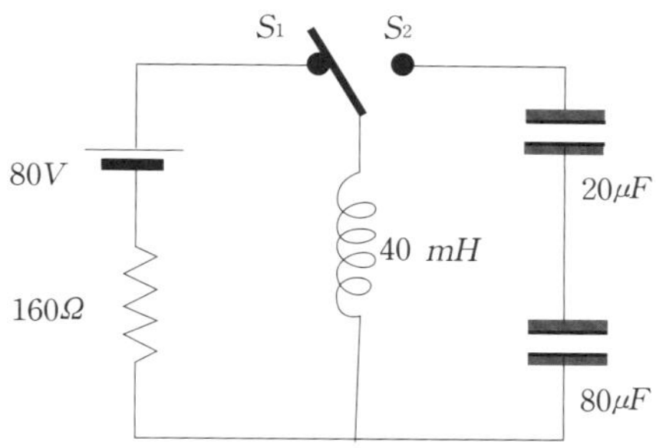

1) 회로에 흐르는 전류의 크기는 얼마인가?

2) 이제 갑자기 스위치를 2번 위치로 옮긴다. 각 축전기에 쌓일 전하의 최댓값을 구하고, 회로의 고유 진동수와 진동의 주기를 구하라.

Memo

PART 2

Solutions

01 답 B

등가속도 운동에 대해, $2as = v_f^2 - v_i^2$

$a = (360)^2/3.6 \approx 36000 km/h^2$

02 답 B

경찰이 수평방향으로 4미터를 날아가는데 걸리는 시간은 4/5초.

4/5초동안 수직방향으로 떨어진 거리는,

$-\frac{1}{2}(10)(\frac{4}{5})^2 = -3.2m$ 경찰은 빌딩사이를 넘어가지 못한다.

도둑의 경우, $-\frac{1}{2}(10)t^2 + \frac{5}{\sqrt{2}}t = -3$

$t = \frac{5+\sqrt{145}}{10\sqrt{2}}$. 수평방향 속력은 $\frac{5}{\sqrt{2}}$ 이므로,

$v_x t - 4 \approx 0.26m$

03 답 A

힘의 평형을 고려하면, $T = \sqrt{1^2 + 2^2} = \sqrt{5}$

04 답 A

$50g\mu s = mBg$ 이므로 $mB = 20$

05 답 A

꼭대기에서 사람에게 가해지는 힘이 mg이므로, 사람의 몸무게 mg를 더해 2mg.

06 답 B

$\int_0^{1/2} 120x\,dx = (60)(\frac{1}{4}) = 15J$

07 답 D

$\frac{1}{2}mv^2 = mgh$

v가 두배가 되면, h는 네배가 돼야한다.

08 답 C

$\frac{1}{2}mv^2 = \frac{1}{2}kx^2$ 이므로, v가 두배가 되면 x는 두배가 돼야한다.

09

A에 미치는 힘의 총합: F_A,

$= T_B - f_{KA} = 0$

(T_B 는 장력, f_{KA} 는 운동마찰력)

$f_{KA} = \mu_{KA} N_A = (0.3)(1.4) = 0.42$

따라서 $T_B = f_{KA} = 0.42N$

B에 미치는 힘의 총합: F_B,

$= F - T_A - f_{KA} - f_{KB} = 0$

$f_{KA} = 0.42 = T_B$

$f_{KB} = 1.26$

작용 반작용에 의해, $T_A = T_B$

$F = T_B + f_{KA} + f_{KB}$

$= 0.42 + 0.42 + 1.26 = 2.1\text{N}$

10

(a) $f_k = \mu_k n = \mu_k mgcos\ (\theta)$, n은 수직항력.
상자가 멈춰있던 지점을 1, 상자가 용수철에 닿기직전을 2, 상자가 용수철을 최대로 수축시켰을때를 3, 상자가 튕겨져 나와 최대높이로 도달하는 지점을 4라고 하자.
중력에 의해 한 일 $W_g = m_g x sin(\theta)$
마찰에 의해 한 일 $W_f = -\ (mgcos\ (\theta\ ))\mu k x$
용수철의 역할: 에너지를 저장했다가 다시 돌려주는 역할 상자는 $mgsin(\theta)$의 힘을 받아 비탈길을 내려온다. 하지만 운동마찰력이 존재하기 때문에 알짜힘은 $mgsin(53.1^\circ)$보다 작게된다. 내려오는 동안 가속도가 일정한 등가속도 운동을 한다.

$$\frac{1}{2}mv_2^2 - \frac{1}{2}mv_1^2 = W_g + W_f = W$$
$$= mg(4)\sin\ (53.1^\circ) - mg\ (4)\cos\ (53.1^\circ)\mu_k.$$

이때 1지점에서 정지해 있었으므로 $v_1 = 0$.
값을 넣어 계산하면,
$v_2 = 7.30m/s$

(b) 만약 d만큼 용수철이 수축했다고 한다면, 4+d 만큼 일한 W' 의 값이 곧 용수철의 탄성에너지 $\frac{1}{2}kd^2$으로 전환될 것이다.

$$W' = W_g' + W_f' = mg(4+d)\sin(53.1^\circ) - mg\mu k(4+d)\cos(53.1) = \frac{1}{2}kd^2\ .$$

따라서 $60d^2 = (13.328)(4) + 13.328d$,
$d\ \approx\ 1.06m$

(c) 마찰력이 한 일 때문에 4m보다는 짧게 올라갈 것. 기준점에서 얼만큼 떨어져 있는지를 y로 나타내자.

(1) 중력이 한 일의 변화량=(2)총 마찰력이 한 일의 양

(1) $mg\ (4+d-y)\sin(\theta) - mg(4+d)\sin(\theta)$

(2) $-\ mg(4+d)\cos(\theta)\mu_k - mg(4+d-y)\cos(\theta)$

$\mu_k\ = -\ \mu_k mgcos(\theta)(8+2d-y\ )$

$mgysin(\theta) = \mu kmgcos(\theta)(8+2d-y)$

$\theta\ =\ 53.1^\circ$를 넣어 계산하면,

$y \approx 1.32m$. 기준점에서 1.32m정도 떨어진 곳에 도달한다.

01 답 B

$$mv = (M+m)v'$$
$$v' = \frac{m}{M+m}v$$
$$\frac{K_i}{K_f} = \frac{mv^2}{(\frac{m}{M+m}v)^2 \times (m+M)} = \frac{(M+m)}{m}$$

02 답 A

$$\omega^2 - \omega_0^2 = 2\alpha \Delta\theta$$
$$\therefore \Delta\theta/2\pi = -\frac{\omega_0^2}{4\pi\alpha} \approx 13rev$$

03 답 B

평행축 정리를 이용.

$$I = I_{cm} + MR^2 = 2MR^2$$
$$\because I_{cm} = MR^2$$

04 답 B

$$L_{pulley} = I_{pulley} \times \alpha = \frac{Iv}{R}$$

05 답 C

$$\Delta\theta = \frac{1}{2}\alpha t^2 = 27(rad)$$
$$l = \Delta\theta \times R = 13.5(m)$$

06 답 D

$$\tau = f_s R = I\alpha = \frac{1}{2}MR^2\alpha$$
$$\alpha = \frac{2g\mu}{R}$$
$$a_{com} = \alpha R = 2g\mu = 0.8g$$

07 답 D

$$\tau = 400 \times L \times \cos 30^\circ = 2 \times L \times F \times \sin 30^\circ$$
$$F = 400 \times \cos 30^\circ \approx 350\,(N)$$

08

(a) 에너지 보존을 이용. $\frac{1}{2}I\omega_0^2 = mgh$ 이므로

$$h = \frac{I\omega_0^2}{2mg}$$

(b) $\Sigma F_x = M_g \sin\beta - f_S = -Ma$

$\Sigma\tau_z = f_R = I_{CM}\alpha_z = (MR^2)\alpha_z$

$-\ a = R\alpha_z,\ f = -Ma.$ 따라서

$$a = -\frac{1}{2}g\sin\beta$$
$$f_S = \frac{1}{2}Mg\sin\beta$$

09

(a) 탄성충돌이고, 에너지 보존법칙임을 고려하면

(1) $mv\ell = I\omega - mv'\ell$

(2) $\frac{1}{2}mv^2=\frac{1}{2}mv'^2+\frac{1}{2}I\omega^2$

(1)번 식에 의해

(3) $v'=\frac{I\omega}{ml}-v=\gamma\omega-v$, $\gamma\equiv\frac{I}{m\ell}$.

(2)번 식에 대입하면,

$v^2=(\gamma\omega-v)^2+\gamma\ell\omega^2$

$=\gamma^2\omega^2-2v\gamma\omega+v^2+\gamma\ell\omega^2$

$0=\omega^2(\gamma^2+\gamma\ell)-2v\gamma\omega$

$=\omega[\omega(\gamma^2+\gamma\ell)-2v\gamma]$

따라서 $\omega=\frac{2v}{\gamma+\ell}=\frac{2mv\ell}{I+m\ell^2}$.

(b) (a)의 (3)번 식에 따라서,

$v'=\frac{2\gamma v}{\gamma+\ell}-v=\frac{\gamma-\ell}{\gamma+\ell}v$.

$\gamma-\ell>0$, 또는 $I>m\ell^2$이면 조건을 만족한다.

CHAPTER 01 2012년 | 1학기 3차 해설

01 답 B

$Mg=kx$

$\omega=\sqrt{\frac{k}{M}}=\sqrt{\frac{Mg}{x}\frac{1}{M}}=\sqrt{\frac{g}{x}}$

$=\sqrt{\frac{9.8\mathrm{m/s^2}}{9\times10^{-3}\mathrm{m}}}$

$\approx 10\sqrt{10}\,\mathrm{rad/s}\approx 30\,\mathrm{rad}$

따라서 답은 약 30rad/s인 33rad/s로 (B)가 정답임.

02 답 B

$K_1+U_1=K_2+U_2$

$K_1=\frac{1}{2}mv^2=\frac{1}{2}0.25\mathrm{kg}\times(3.0\mathrm{m/s})^2$

$=1.125\mathrm{J}$

$U_1=\frac{1}{2}kx^2=\frac{1}{2}(200\mathrm{N/m})(0.15\mathrm{m})^2$

$=2.25\mathrm{J}$

$K_2=0$

$U_2=\frac{1}{2}kA^2=\frac{1}{2}(200\ \mathrm{N/m})A^2$

$=100A^2\ \mathrm{J}$

$100A^2=1.125+2.25=3.375$

$A^2=\frac{3.375}{100}$

$A=\sqrt{\frac{3.375}{100}}=\frac{\sqrt{3.375}}{10}\approx\frac{\sqrt{4}}{10}$

$=\frac{2}{10}=0.2\ \mathrm{m}$

답은 약 0.2m인 0.18m로 (B)가 정답임.

03 답 C

에너지 보존법칙과 연속방정식을 이용한다.

$\frac{1}{2}mv_0^2 + mgh = \frac{1}{2}mv^2$

$\Rightarrow v^2 = v_0^2 + 2gh$

$A_0 v_0 = Av$

$(\frac{A_0}{A}v_0)^2 = v_0^2 + 2gh$

$\Rightarrow v_0^2 = \frac{2ghA^2}{A_0^2 - A^2} = 2500(cm/s)^2$

$v_0 = 50cm/s,\ v = 150cm/s$

04 답 A

부력 $F_B = F_W = \rho_{crown} V_{crown} g$

$= m_{water} g = 10$

중력 $F_w = mg = \rho_{crown} V_{crown} g = (15)(10)$

$\Rightarrow \frac{F_w}{F_B} = \frac{15}{1} = \frac{\rho_{crown}}{\rho_{water}},$

$\rho_{crown} = 15 * 10^3 kg/m^3.$

따라서 다른 금속이 섞이면 밀도는 올라간다.

05 답 D

$v = \frac{dV/dt}{A_1} = \frac{(15L/s)(10^{-3}m^3/L)}{30*10^{-4}m^2} = 5m/s$

mass flow rate

$= \rho dV/dt = (900kg/m^3)(15*10^{-3}m^3/s)$

$= 13.5kg/s$

06 답 C

a점에서 입자는 최고점에 정지해 있으므로 속도는 0이다. 잠시 후에는 아래로 이동하므로, 가속도는 아랫방향이 된다.

07 답 C

$v = \sqrt{\frac{F}{m/L}} = \sqrt{\frac{200}{0.02/1}} = 100\,[m/s]$

$f_n = n\frac{v}{2L} = 6\frac{100}{2*1} = 300\,[Hz]$

08

$f\lambda = v,$

$\therefore \lambda = 1.67m$

(a) $\Delta L = L - 2x = (n + \frac{1}{2})\lambda$

if $n = 0,\ x = 1 - \frac{1}{4}\lambda = 0.58m$

if $n = -,\ x = 1 + \frac{1}{4}\lambda = 1.42m$

(b) $\Delta L = L - 2x = n\lambda$

if $n = 0,\ x = 1m$

if $n = 1,\ x = 0.17m$

if $n = -1,\ x = 1.83m$

(c) 실제 집에선 벽이나 바닥, 천장에서 불규칙적으로 반사되는 파동이 있기 때문에 상쇄간섭이나 보강간섭의 명확한 효과를 듣기 힘들다.

01 답 B

$$\sum \tau = 0$$

$$\frac{L}{2}\frac{1}{4\pi\epsilon_0}\frac{2qQ}{h^2} = \frac{L}{2}\frac{1}{4\pi\epsilon_0}\frac{qQ}{h^2} + \left(x - \frac{L}{2}\right)W$$

02 답 C

$$d\vec{E} = \frac{1}{4\pi\epsilon_0}\frac{\lambda}{a^2}ad\theta[-\cos\theta\hat{x} - \sin\theta\hat{y}]$$

$$\vec{E} = -\frac{1}{4\pi\epsilon_0}\frac{\lambda}{a}[-\hat{x}-\hat{y}] = \frac{2kQ}{\pi a^2}(\hat{x}+\hat{y})$$

03 답 C

<중첩원리>

전하가 σ로 균일하게 분포된 디스크가 만드는 전기장과 $-\sigma$로 대전된 띠가 만드는 전기장을 더하면 된다.

디스크가 만드는 전기장 :

$$E = \frac{\sigma}{2\epsilon_0}\left[1 - \frac{x}{\sqrt{R^2+x^2}}\right]$$

띠가 만드는 전기장 :

$$E = \frac{-\sigma t}{2\pi\epsilon_0}\frac{R}{x\sqrt{R^2+x^2}}$$

$$\therefore E = \frac{\sigma}{2\epsilon_0}\left[1 - \frac{x}{\sqrt{R^2+x^2}}\right] - \frac{\sigma t}{2\pi\epsilon_0}\frac{R}{x\sqrt{R^2+x^2}}$$

04 답 D

05 답 D

06 답 E

07 답 C

합성 축전용량 C_{eq}를 구하고 $U = \frac{1}{2}CV^2$를 이용하여 에너지를 계산한다.

08 답 A

유전체가 있을 때 유전율은 $\epsilon_0 \rightarrow K\epsilon_0$로 바뀐다.

09 답E

10

1) 가우스 법칙을 통해 전기장을 계산한 뒤, 적분하여 퍼텐셜을 구하라.

$$r < a \ : \ V = \frac{\lambda}{2\pi\epsilon_0}\ln(b/a)$$

$$a < r < b \ : \ V = \frac{\lambda}{2\pi\epsilon_0}\ln(b/r)$$

$$r > b \ : \ V = 0$$

2) 내부 실린더는 도체 이므로 등전위다.

$$r < a \ : \ V = \frac{\lambda}{2\pi\epsilon_0}\ln(b/a)$$

3) $a < r < b \ : \ V = \frac{\lambda}{2\pi\epsilon_0}\ln(b/r)$

4) 동일하다.

11

1)

$$V = \frac{Q}{4\pi\epsilon_0}\left(\frac{1}{a} - \frac{1}{b}\right)$$

$$Q = \frac{4\pi\epsilon_0 ab V}{b-a}$$

2)

$$E = \frac{1}{4\pi\epsilon_0}\frac{Q}{r^2} = \frac{abV}{b-a}\frac{1}{r^2}$$

3) 전기력이 구심력으로 작용한다.

$$m\frac{v^2}{r} = m\frac{v^2}{(a+b)/2} = e\frac{abV}{b-a}\frac{1}{(a+b)^2/2^2}$$

$$\frac{1}{2}mv^2 = e\frac{abV}{b^2-a^2}$$

4)

$$e\frac{a(2a)\Delta V}{(2a)^2 - a^2} = 50eV$$

$$\therefore \Delta V = 75\ V$$

CHAPTER 01 2012년 | 2학기 2차 해설

01 답 D

$$I = \int J \cdot da$$

1) $I = \int J \cdot da = J\pi\left(R^2 - \frac{R^2}{4}\right)$

2) $I = \int J \cdot da = \int_{R/2}^{R} ar^2(2\pi r)dr$

02

1) 답 B

전도성이 일정하다 : 옴의 법칙을 따른다.

2) 답 D

$\varepsilon=12.0V$, $r=1.0\Omega$

$V_{+}-V_{-}=9=\varepsilon-3r$, $V_{+}-V_{-}=14=\varepsilon+2r$

$\therefore$ $\varepsilon=12V$, $r=1\Omega$.

03 답 D

점 a로 들어와서 점 b로 나가는 전류 I를 생각해보자. 점 a에는 세 가지 갈래가 있다.

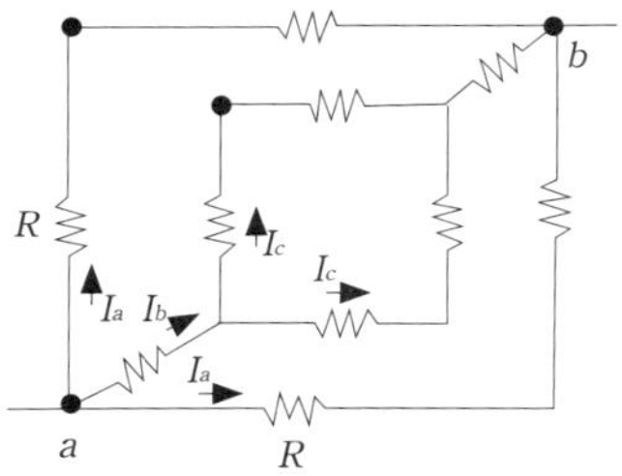

$I\ =\ I_a+I_a+I_b\ =\ 2I_a+I_b$

I_b가 흘러간 교차로(junction)에는 두 갈래의 동등한 길이 있다.

$2I_c=I_b$

이제, a에서 b로 전류가 흘러가는 동안 발생한 전압 강하를 두 가지 방법으로 구해보면

$V=\ I_aR+I_aR$

$V=I_bR+I_cR+I_cR+I_bR$ 이므로, $I_a=3I_c$이다.

$I=2I_a+I_c$이므로, $I=8I_c$이고,

a에서 b의 등가 회로에 대한 전압 강하는

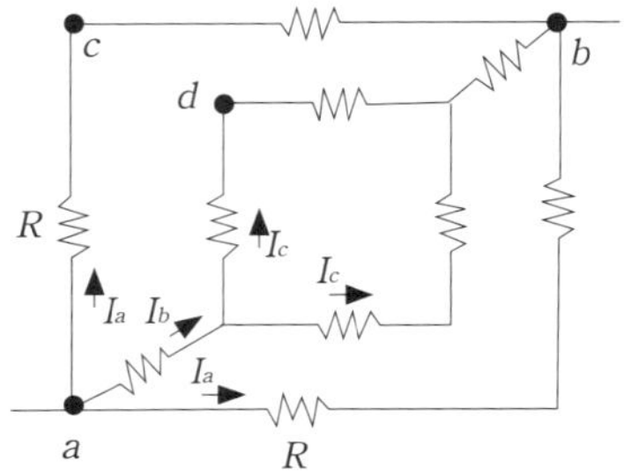

$V=IR_{eq}=6I_cR=\frac{3}{4}IR$

따라서, 등가 저항은 $\frac{3}{4}R$ 이다.

** c와 d는 등전압이기 때문에 전류가 흐르지 않는다. **

04 답 E

RC 회로의 충전 : $q=Q\ (1-e^{-t/RC})$

As $t^{\to\infty}$, $U=Q^2/2C$

At $\tau=RC$, $q=Q(1-1/e)$, 그러므로

$U_{t=RC}=Q^2(1-1/e)^2/2C=\ U(1-1/e)^2$

05 답 B

자기장 : $\vec{B}=(z\hat{j}+y\hat{k})B_0/L$, $B_0=1$ and

$z=0$을 대입하면.

$\vec{F}_{net}=-IB_0L\hat{j}=-IL\hat{j}$.

알짜힘은 –y 방향.

06 답 D

$\vec{\mu} = \pi R^2 I \hat{k}$이고 비오-사바르의 법칙을 적용하면 점 P에서의 자기장은 대칭성으로 인해 $+\hat{k}$ 방향이고 적분을 통해 $\vec{B} = \frac{\mu_0}{2} \frac{IR^2}{(R^2+z^2)^{3/2}} \hat{k}$이고 따라서 $\frac{\mu_0}{2\pi} \frac{\vec{\mu}}{(R^2+z^2)^{3/2}}$이다.

07 답 C

08 답 A

09 답 C

점전하 q가 만드는 자기장 :

$$\vec{B} = \frac{\mu_0}{4\pi} \frac{q\vec{v} \times \hat{r}}{r^2} = -\frac{\mu_0}{4\pi} \frac{qv\sin\phi}{r^2} \hat{k},$$

$$\sin\phi = \frac{b}{\sqrt{a^2+b^2}}$$

그러므로 점전하 q'에 가하는 자기력 :

$$\vec{F} = q'v'\hat{j} \times \vec{B} = \frac{\mu_0}{4\pi} \frac{bq^2v^2}{(a^2+b^2)^{3/2}} \hat{i}$$

10 답 D

오른쪽 위에 위치하는 도선의 전류이 방향이 평면에서 나오는 방향이라하고, 각 코너에 위치한 도선들이 오른쪽 위 도선 위치에 만드는 자기장을 각각 구해보면

$$\vec{B}_1 = -\frac{\mu_0 I}{2\pi d}\hat{j},\ \vec{B}_2 = \frac{\mu_0 I}{4\pi d}(-\hat{i}+\hat{j}),$$

$$\vec{B}_3 = \frac{\mu_0 I}{2\pi d}\hat{i}$$ 이므로

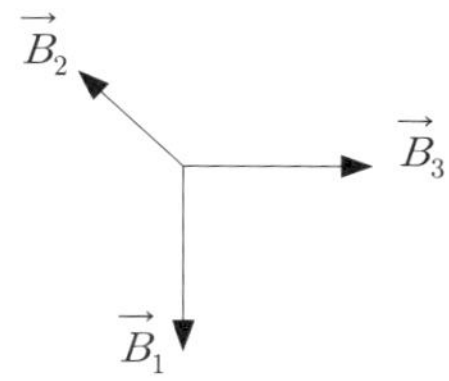

길이가 l인 도선에 작용하는 자기력은

$\vec{F} = I\,\vec{l} \times \vec{B}$ 이므로 단위 길이 당 자기력은

$$\frac{F}{l} = \frac{\sqrt{2}\mu_0 I^2}{4\pi d}$$

11

축전기는 처음에는 0의 저항처럼 행동하고, 많은 시간이 흐른뒤에는 무한대의 저항처럼 행동한다.

1) 스위치가 닫힌 직후 : $V_a=0$

2) 긴 시간이 지난 후 : $V_a=15.2\text{V}$

12

1)

(i) $r < a \Rightarrow I_{encl} = 0 \Rightarrow B = 0.$

(ii)

$$a < r < b \Rightarrow I_{encl} = I\left(\frac{A_{a\to r}}{A_{a\to b}}\right)$$

$$= I\left(\frac{\pi(r^2-a^2)}{\pi(b^2-a^2)}\right) = I\frac{(r^2-a^2)}{(b^2-a^2)}.$$

$$\oint \vec{B}\cdot d\vec{l} = B2\pi r = \mu_0 I \frac{(r^2-a^2)}{(b^2-a^2)}$$

$$\Rightarrow\ B=\frac{\mu_0 I}{2\pi r}\frac{(r^2-a^2)}{(b^2-a^2)}$$

(iii) $r>b\Rightarrow I_{encl}=I$

$$\oint\vec{B}\cdot d\vec{l}=B2\pi r=\mu_0 I$$

$$\Rightarrow\ B=\frac{\mu_0 I}{2\pi r}$$

2) For $a<r<b$,

$$I_{encl}=\int_a^r(kr)(2\pi r)dr=\frac{2\pi}{3}k(r^3-a^3)$$

$$B(2\pi r)=\mu_0 I_{encl}=\frac{2\pi\mu_0}{3}k(r^3-a^3)$$

$$\Rightarrow\ B=\frac{\mu_0}{3}k\frac{(r^3-a^3)}{r}$$

3) $$I=\int_a^b(kr)(2\pi r)dr=\frac{2\pi}{3}k(b^3-a^3)$$

$$\Rightarrow\ k=\frac{3I}{2\pi(b^3-a^3)}$$

CHAPTER 01 2012년 | 2학기 3차 해설

01 답C

02 답B

03 답A

$$B_{upper}=\frac{\mu_o i}{2\pi r}\ d\Phi_{upper}=B_{upper}\ell dr=\frac{\mu_o i\ell}{2\pi r}dr$$

$$\therefore\ \Phi_{upper}=\frac{\mu_o i\ell}{2\pi}\int_a^{d-a}\frac{dr}{r}$$

$$=\frac{\mu_o i\ell}{2\pi}[\ln(d-a)-\ln a]=\frac{\mu_o i\ell}{2\pi}\left[\ln(\frac{d-a}{a}\right.$$

$$\therefore\ \Phi_{lower}=\frac{\mu_o i\ell}{2\pi}\left[\ln(\frac{d-a}{a})\right]$$

04 답B

무한한 시간이 흐른후 평형에 도달한다.

$U_\infty=\frac{1}{2}Li_\infty^2$, where

$$i_\infty=\frac{\varepsilon}{R}(1-e^{-\infty/\tau_L})=\frac{\varepsilon}{R}$$

$$U_B=\frac{1}{4}U_\infty,\ \frac{1}{2}Li^2=\frac{1}{4}\frac{1}{2}L\left(\frac{\varepsilon}{R}\right)^2$$

그러므로, $i=\frac{\varepsilon}{R}(1-e^{-t/\tau_L})=\frac{1}{2}\frac{\varepsilon}{R}$

$$e^{-t/\tau_L}=1-\frac{1}{2}=\frac{1}{2}$$

$$t/\tau_L=-\ln\left(\frac{1}{2}\right)=\ln 2\ \therefore t=\tau_L\ln 2$$

05 답B

$$\omega L = (10{,}000\,rad/s)(60\,mH) = 600\,\Omega$$

$$\frac{1}{\omega C} = \frac{1}{(10{,}000\,rad/s)(0.50\times 10^{-6}F)}$$
$$= 200\,\Omega$$

$$Z = \sqrt{R^2 + (\omega L - \frac{1}{\omega C})^2}$$

$$= \sqrt{(300\Omega)^2 + (400\Omega)^2} = 500\,\Omega$$

$$\phi = \arctan\left(\frac{\omega L - \frac{1}{\omega C}}{R}\right)$$

$$= \arctan(\frac{400\,\Omega}{300\,\Omega}) = \arctan(\frac{4}{3})$$

06 답D

공명진동수

$$\omega = \frac{1}{\sqrt{LC}}$$

$$\omega = \frac{1}{\sqrt{(3mH)(4mF)}} = \frac{1000}{\sqrt{12}} = 289\,rad/s$$

07 답E

$$I = \frac{P_0}{A} = \frac{P_0}{\pi(a/2)^2} = \frac{4P_0}{\pi a^2}$$

$$I = \frac{E_{\rm rms}^2}{\mu_0 c}$$

$$E_{\rm rms} = \sqrt{\mu_0 c I} = \frac{2}{a}\sqrt{\frac{\mu_0 c P_0}{\pi}}$$

방사압력 : $p_r = \frac{2I}{c} = \frac{8P_0}{\pi c a^2}$

08 답B

09 답A

전반사를 위한 임계각 :

$$\sin\theta_1 = \frac{n_2}{n_1}\sin 90^\circ = \frac{1.3}{1.5} \simeq 0.87 \approx 0.9$$

그러므로 전반사를 위해서는 $\theta \le 90^\circ - \theta_1$ 조건이 만족 되어야한다.
가능한 중 가장 큰 경우는 $\theta \le 90^\circ - \theta_1$ 이므로

$\Rightarrow \cos\theta = \sin(90^\circ - \theta_1) = \sin\theta_1 \simeq 0.87 \approx 0.9$

10 답A

11

1)

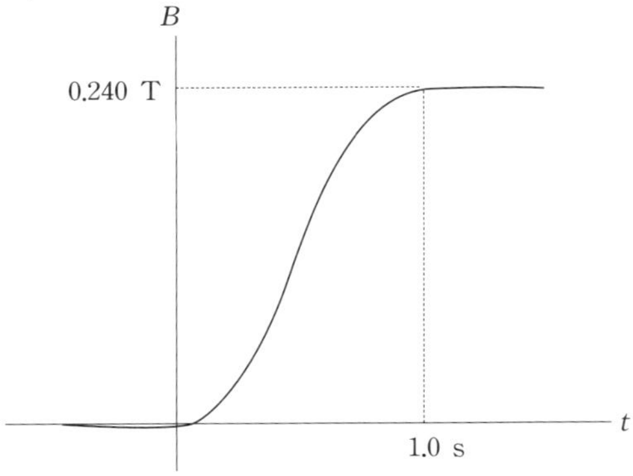

2) For $0<t$, I=0 For $0\le t\le 1.00$s,

$$I=\frac{|\xi|}{R}=\frac{1}{R}N\left|\frac{d\Phi_B}{dt}\right|=\frac{1}{R}NA\left|\frac{dB}{dt}\right|$$

$$=\frac{1}{R}NA\left|\frac{d}{dt}(0.12\ T)\ (1-\cos\pi t)\right|$$

$$I=\frac{1}{R}NA(0.12\pi\ T)\sin\pi t$$

$$=\frac{1}{3000\,\Omega}(500\times\frac{0.02}{\pi})(0.12\pi\ T)\sin\pi t$$

$$I=(0.4\ mA)\sin\pi t$$

For $t>1.00$ s, I=0

3) 자기장이 증가하고 있으므로 전류의 방향은 시계방향이다.

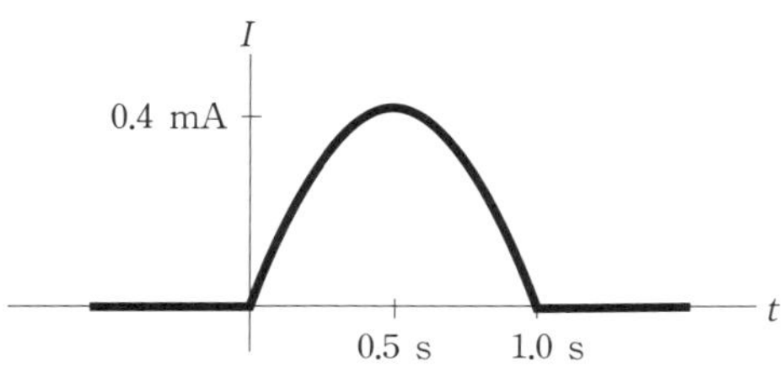

12

1) $r=b$일 때, 전기장의 크기 :

$$E=\frac{\Delta V}{L}=\frac{IR}{L}$$ (ΔV : 퍼텐셜 차이).

자기장의 크기 : $B=\dfrac{\mu_0 I}{2\pi b}$

2) $\vec{S}=\dfrac{1}{\mu_0}\vec{E}\times\vec{B}$

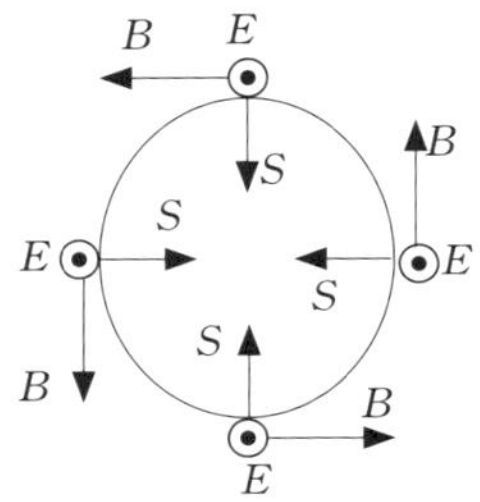

포인팅 벡터의 방향은 “반지름 들어오는 방향 radially inward”

크기 :

$$S=\frac{EB}{\mu_0}=\frac{1}{\mu_0}\frac{IR}{L}\frac{\mu_0 I}{2\pi b}=\frac{I^2R}{2\pi bL}.$$

3) $P=SA=\dfrac{I^2R}{2\pi bL}(2\pi bL)=I^2R$

(A: 표면의 넓이)

01

1) Gauss's law $\oint \vec{E} \cdot d\vec{A} = \frac{Q_{end}}{\epsilon_0}$

(i) r<a : $\oint \vec{E} \cdot d\vec{A} = EA = 4\pi r^2 = \frac{Q_{end}}{\epsilon_0} = 0$
따라서 $E=0$

(ii) a<r<b 는 도체 내부이므로
$E=0$

(iii) b<r<c
$\oint \vec{E} \cdot d\vec{A} = EA = 4\pi r^2 = \frac{Q_{end}}{\epsilon_0} = \frac{2q}{\epsilon_0}$
따라서 $E = \frac{2q}{4\pi\epsilon_0 r^2} = \frac{q}{2\pi\epsilon_0 r^2}$

(iv) c<r<d 는 도체 내부이므로 $E=0$

(v) r>d
$\oint \vec{E} \cdot d\vec{A} = EA = 4\pi r^2 = \frac{Q_{end}}{\epsilon_0} = \frac{6q}{\epsilon_0}$
따라서 $E = \frac{6q}{4\pi\epsilon_0 r^2} = \frac{3q}{2\pi\epsilon_0 r^2}$

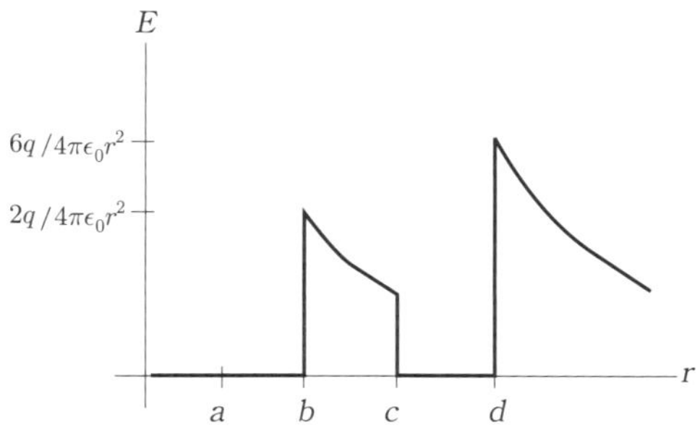

2) Gauss's lawumn $\oint \vec{E} \cdot d\vec{A} = \frac{Q_{end}}{\epsilon_0}$

(i) a<r<b 는 도체 내부이므로,
E 0 따라서 $Q_{encl}=0$,
작은 껍질 안쪽 면 전하 =0

(ii) b<r<c $Q_{encl}=2q$. 작은 껍질 바깥 면 전하=2q

(iii) c<r<d 는 도체 내부이므로, 큰 껍질의 안쪽 면 전하=−2q

(iv) r>d : $Q_{encl}=6$, 큰 껍질 바깥 면 전하 =6q

02

1) 반경 R 인 도체구의 정전용량은 C=Q/V에서, 도체구에 Q 가 있고 무한대인 곳이 −Q 가 있다고 가정하면 전위차의 크기는 V=(1/4πε0) Q/R 이므로 C=$4\pi\varepsilon_0$R이다.

2) C=$4\pi\varepsilon_0$R 이므로
R=C/$4\pi\varepsilon_0$=(9.00×10^9N·m^2/C^2)(1.00 pF)=9.00 mm

3) C=$4\pi\varepsilon_0$R에서 C=$4\pi\varepsilon_0$R=(4.50×10^{-3} m)/(9.00×10^9 N·m^2/C^2)=0.500 pF

4) Q=CV에서 Q=(0.500pF)(100V)=50.0pC

03

$R_1=R_2=R_3=R$인 회로가 있다. 처음에 축전기는 방전되어 있었고, 스위치 S는 t = 0일 때 닫힌다. (힌트 : 축전기를 통해 흘러가는 전류는 $e^{-t/\tau}$이다. τ는 시간상수.)

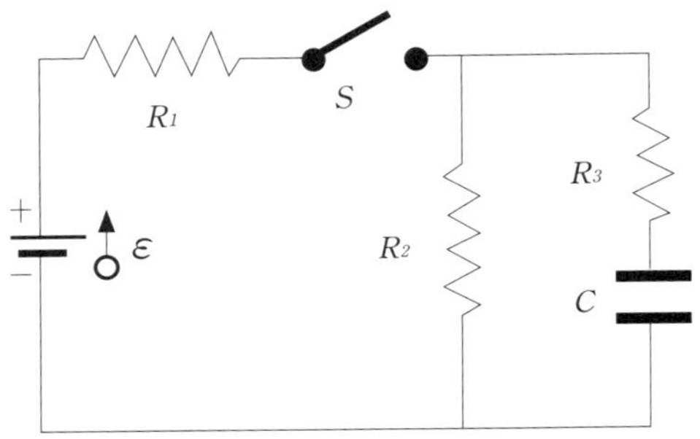

1) 축전기를 통해 흘러가는 전류는 $e^{-t/\tau}$에 비례하므로, $t=0$일 때는 회로에 축전기가 없는 것과 동일하다. R_1에 흐르는 전류를 I_1이라고 하고, 오른쪽으로 흐를 때를 +로 잡자. R_2, R_3에 흐르는 각각의 전류를 I_2, I_3라고 하고, 내려가는 방향일 때 +라고 잡자.

$t=0$일 때, junction rule을 적용하면

$I_1=I_2+I_3$

왼쪽 고리,오른쪽 고리에 각각 loop rule을 적용해보면

$\varepsilon-I_1R_1-I_2R_2=0$, $I_2R_2-I_3R_3=0$

$R_1=R_2$ $R_3=R$ 이므로

$$I_2=I_3=\frac{1}{2}I_1$$

$$\Rightarrow \quad I_1=\frac{2}{3}\frac{\varepsilon}{R}, \quad I_2=I_3=\frac{1}{3}\frac{\varepsilon}{R}$$

2) 축전기가 완전히 충전되고나면 축전기를 통과하는 전류는 없으므로,

$I_3=0$, $I_1=I_2$.

loop rule을 적용해보면

$\varepsilon-I_1R_1-I_1R_2\ =\ 0$

$$\Rightarrow \quad I_1=I_2=\frac{1}{2}\frac{\varepsilon}{R}, \quad I_3=0$$

3) 2)에서 $I_1=I_2=\frac{1}{2}\frac{\varepsilon}{R}$, 저항 R_2와 축전기에 걸리는 전압은 $V=I_2R_2=\frac{1}{2}\varepsilon$ 이다.

축전기에 쌓인 전하는 $Q=CV=\frac{1}{2}C\varepsilon$ 이다

04

1) $\oint B\cdot dl=\mu_0 I$

$$BL=\begin{cases}\mu_0 zjL & \text{for } |z|<d\\ \mu_0 djL & \text{for } |z|>d\end{cases}$$

판 내부 : $B=\mu_0 jz$

판 외부 : $B=\mu_0 jd$

2) $F=BI_Fb$

$\Delta p=F/(ab)=BI_F/a$

$\Delta p=BI_F/a=5.0\ \text{kPa}$

05

1) 두 개의 축전지가 직렬 연결된 것과 같다

각각의 두께가 $\frac{1}{2}(d-a)$

두께의 합 $x+y=\frac{1}{2}(d-a)$

$$\frac{1}{C_{eq}}=\frac{1}{C_1}+\frac{1}{C_2},$$

$$C_{eq}=\left(\frac{1}{C_1}+\frac{1}{C_2}\right)^{-1}=\frac{1}{2}C_1$$

$$=\frac{1}{2}\frac{\epsilon_0 A}{(d-a)/2}=\frac{\epsilon_0 A}{(d-a)}$$

2) $F = ILB = mg$,

$$I = \frac{mg}{LB} = \frac{0.5kg \times 9.8m/s^2}{0.5m \times 0.98\,T} = 10\,A$$

$$\epsilon = IR = 10A \times 25\Omega = 250\,V$$

CHAPTER 02 2013년 | 2학기 기말 해설

01

1) $\varepsilon = -\frac{d\Phi_B}{dt} = -\mu_0 n A \frac{dI}{dt}$

$= -(12.5 \times 10^{-7}\,Wb/A \cdot m)(500\,turns/m)$

$\times (4.0 \times 10^{-4}\,m^2)(-100\,A/s)$

$= 25 \times 10^{-6}\,Wb/s = 25 \times 10^{-6}\,V = 25\,\mu V$

2) $E = \frac{|\varepsilon|}{2\pi r} = \frac{25 \times 10^{-6}\,V}{2\pi(2.0 \times 10^{-2}\,m)}$

$= 2.0 \times 10^{-4}\,V/m$, 같은방향

02

1) 이 상황은 마치, 이중 슬릿 실험과 같다.

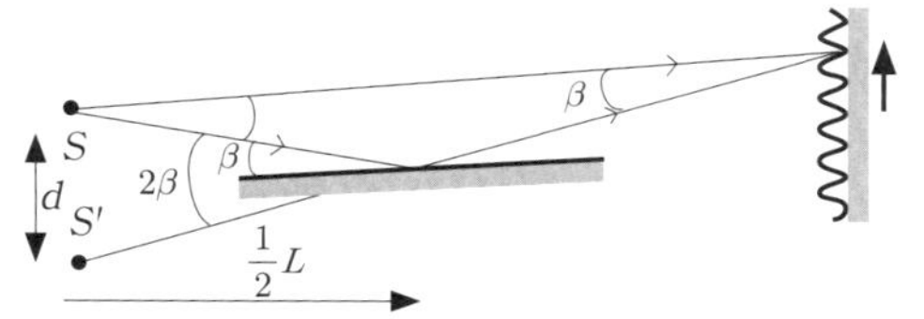

가상의 슬릿 S'과 S의 거리는

$d \approx \frac{1}{2}L(2\beta) = \beta L$ 이다.

이중 슬릿의 간섭 조건 관계식으로부터

$\sin\theta = m\lambda$ or $d\sin\theta = (m + \frac{1}{2})\lambda$

패턴의 간격은 $\Delta y = L\frac{\lambda}{d} = L\frac{\lambda}{(\beta L)} = \frac{\lambda}{\beta}$

2) S와 거울 사이의 높이 차이를 h라고 하자. S와 S'에서 출발한 빛의 스크린 상의 경로 차이는

$\Delta\ell = 2h\alpha = 2(\frac{1}{2}d)\alpha = d\alpha$ 이다.

그러므로 $\Delta\ell = L\alpha^2$ 이다.

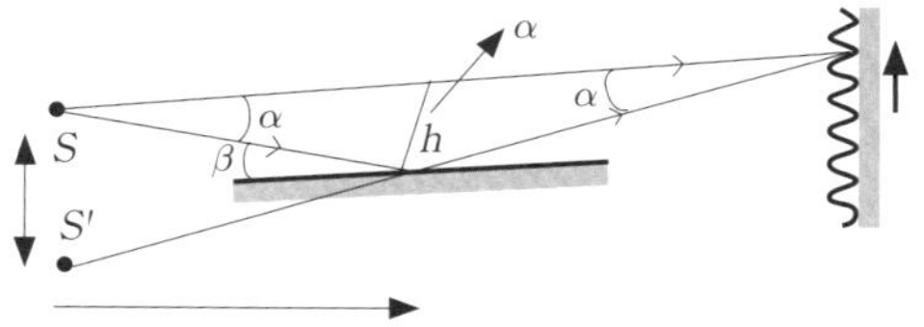

거울에서 반사될 때, π의 위상 차가 발생하므로, 어두운 부분은

$\Delta\ell = m\lambda$ or $\alpha = \sqrt{\frac{m\lambda}{L}}\ (m = 1,2,3\ldots)$

에서 발생.

03

$$I_{rms}=\frac{V_{rms}}{Z},\ \begin{cases} V_{R,rms}=I_{rms}R \\ V_{L,rms}=I_{rms}X_L \\ V_{C,rms}=I_{rms}X_C \end{cases}$$

$$Z=\sqrt{R^2+(X_L-X_C)^2}$$

$$Z=447.2136\,\Omega$$
$$I_{rms}=0.245967\,A$$
$$V_1=49.1935\,V$$
$$V_2=24.59675\,V$$
$$V_3=122.9837\,V$$

$$V_4=\left|\frac{V_L-V_C}{\sqrt{2}}\right|=|V_{L,rms}-V_{C,rms}|$$

$$=98.38699\,V$$

$$V_5=V_{rms}=110\,V$$

04

1) 첫 번째 빛 : $K=h\nu-\phi=\frac{hc}{\lambda}-\phi$

에서 K=3.50eV,

두 번째 빛 : $K'=\frac{hc}{\lambda'}-\phi$ 에서

K'=1.00eV

첫 번째와 두 번째 빛에 대한 식을 이용하면

$$\lambda'=\frac{hc}{K'-K+h\nu}$$

$$\therefore \lambda'=\frac{1.24\times10^{-6}\text{eV}\cdot\text{m}}{1.00\text{eV}-3.50\text{eV}+5.00\text{eV}}=496\text{nm}$$

2) 처음 어두운 무늬는 $\sin\theta=\lambda$를 만족하는 위치에서 발생 (a = 0.0496mm)

θ가 작으므로 $\sin\theta\sim\tan\theta=\frac{y}{L}$

(L = 1.00m, y는 중심 밝은 무늬 가운데서 처음 어두운 무늬까지의 거리)

따라서 $a\frac{y}{L}=\lambda$를 만족하는 위치에서 처음 어두운 무늬

1)에서 구한 값을 대입하면 $\therefore y$=1.00cm

05

1) $I=\frac{E_m B_m}{2\mu_0}$ or $I=\frac{E_m^2}{2\mu_0 c}$ or $I=\frac{1}{2}\epsilon_0 c E_m^2$

$$B_m=\frac{E_m}{c}$$

그러므로 세기는 $I=\frac{cB_m^2}{2\mu_0}$ 이다.

완전 반사 표면에 작용하는 압력 : $p_r=2\frac{I}{c}$

그러므로 평균 힘은

$$F_{av}=2\frac{I}{c}A=\frac{AB_m^2}{\mu_0}$$

2) $I=I_0\cos^2\theta$

$I/3$가 되려면 $\frac{I}{3}=I_0\cos^2\phi$ 이므로

그러므로,

$$\frac{I}{I/3}=\frac{\cos^2\theta}{\cos^2\phi}\Rightarrow\cos\phi=\frac{1}{\sqrt{3}}\cos\theta$$

$$\Rightarrow\phi=\arccos\left(\frac{\cos\theta}{\sqrt{3}}\right)$$

01

(a) 힘 F로 인해 20kg(10kg +3kg +5kg +2kg)이 같은 가속도로 움직이므로 20kg

(b) cord3의 장력으로 뒤의 18kg(10kg + 3kg +5kg)이 같은 가속도로 움직임으로 18kg

(c) cord1의 장력으로 10kg의 블록이 움직임으로 10kg

(d) 블록들은 같은 가속도로 움직인다.

(e) 같은 가속도로 움직임으로 이므로 가속 시키는 질량이 많은 순서인 cord3 > cord2 > cord1 이다.

02

(a) A의 가속도 a가 최대값을 가질 때 최대 마찰력이 적용되므로

$f_{sAmax}=\mu_s n_A=m_a a_{max}$

$n_A=m_A g$

$a_{max}=\mu_s g=(0.8)(10m/s^2)=8.0m/s^2$

(b) $T=(m_A+m_B)a_{max}=240N$

$m_c g-T=m_c a_{max}$

따라서 $m_c(g-a_{max})=240N$,

$m_c=120\text{kg}$

03

(a) 역학적 에너지 E_{mech}가 보존됨을 이용.

$\frac{1}{2}mv_1^2=\frac{1}{2}kd^2$, $d=v_1\sqrt{\frac{m}{k}}$

(b) $W=\Delta E=E_{mech,2}-E_{mech,1}$

$=-f_k d=-\mu_k mgd$

따라서 $\Delta E=\frac{1}{2}kd^2-\frac{1}{2}mv_1^2=-\mu_k mgd$

$d=\frac{-\mu_k mg+\sqrt{(\mu_k mg)^2+mkv_1^2}}{k}$

04

(a) $U_{el}=K_{Bottom}$

$\frac{1}{2}kx^2=\frac{1}{2}mv_{Bottom}^2$

$\frac{1}{2}\times 200\times(0.400)^2=\frac{1}{2}\times 2.00\times v_{Botto}^2$

$\therefore v_{Bottom}=4.00\text{ m/s}$

(b)

$K_{Bottom}+U_{Bottom}+W_f=K_{Top}+U_{;}$

$\frac{1}{2}mv_{Bottom}^2+0+W_f=\frac{1}{2}mv_{Top}^2+mg(2$

$\frac{1}{2}\times 2.00\times(4.00)^2+W_f=\frac{1}{2}\times 2.00$

$\times(2.00)^2+2.00\times 10.0\times(2\times 0.200)$

$\therefore W_f=-4.00\text{ J}$

05

충돌 후 같은 높이에서 떨어짐으로 떨어지는 시간은 같다.

떨어지는시간은 같은데 블록 A가 2배 멀리 떨어졌으므로 충돌 후 블록 A의 속력이 2배 빠르다.

오른쪽 방향을 양의 방향으로 잡으면 충돌 후 속도를 A는 $-2v_a$, B는 v_a이다. 탄성 충돌임으로 처음 속도를 v_0라고 하면 $\frac{v_a-(-2v_a)}{v}$=1 이므로 $3v_a=v$이다.

이것을 운동량보존 법칙에 대입하면 처음 운동량은 $m_av=3m_av_a$이고 충돌 이후 운동량은 $m_a(-2v_a)+m_bv_a$ 이다. 충돌 이후 운동량이 보존 됨으로 같다.

$3m_av_a=m_a(-2v_a)+m_bv_a$ 이고, 정리하면 $m_b=5m_a$ 이므로 $m_b=1.25kg$ 이다.

CHAPTER 03 2014년 | 1학기 2차 해설

01

마찰과 공기저항 등에 의한 에너지 손실이 없으므로, 물체들이 움직이기 시작한 전 후의 에너지 보존을 이용한다. 이 때, 두 블록의 무게를 고려하면 m_1가 낙하하는 방향으로 진행한다.

문제에서 주어진 물리계의 에너지는 다음과 같이 주어진다.

E=m_1의 역학적 에너지 +m_2의 역학적 에너지 + 실린더의 회전에너지

이를 통해 바닥면에서의 위치에너지를 기준으로 물체들이 움직이기 전과 m_1이 바닥면에 닿는 순간의 에너지를 구하면 다음과 같다. 이 때 v는 그 순간의 두 물체의 속도이고 h(=25m)는 m_2의 바닥면으로 부터의 높이이다.

(1) 움직이기 전 에너지 =

$m_1gh = (4kg)(10m/s^2)(25m) = 10^3$J

(2) m_1이 바닥에 닿는 순간의 에너지

$$=\frac{1}{2}m_1v^2+\frac{1}{2}m_2v^2+m_2gh+\frac{1}{2}Iw^2$$

이 때 $I=\frac{1}{2}MR^2$ 이고, 지금 R인 원형 회전체의 회전운동에서 각속도는 $w=\frac{v}{R}$ 이므로 (2)는 다음과 같다.

$$\frac{1}{2}(m_1+m_2+\frac{1}{2}M)v^2+m_2gh$$

$$=(5kg)v^2+(2kg)(10m/s^2)(25m)=(5kg)v^2+500J$$

에너지 보존 법칙에 의해 (1)=(2) 이므로, m_1이 바닥에 닿는 순간의 속도 v는

$1000J=(5kg)v^2+500J \Rightarrow v=10m/s$

02

(a), (b) 수직방향 힘 성분들의 운동 방정식은 다음과 같다.

$Mg - T = ma_{cm}$

이때 각가속도 $\alpha=a_{cm}/R$ 을 이용, 장력 T를 알 수 있다.

$$T=\frac{I_\alpha}{R}=\frac{Ia_{cm}}{R^2}=\frac{2}{5}Ma_{cm}$$

위 관계를 운동방정식에 대입하면 가속도와 장력을 구할 수 있다.

$$Mg-T=Mg-\frac{2}{5}Ma_{cm}=Ma_{cm}$$

따라서 $a_{cm}=\frac{5}{7}g$, $T=\frac{2}{5}Ma_{cm}=\frac{2}{7}Mg$

(c) 에너지 보존 법칙에 의해,

$$Mgh=\frac{1}{2}Mv_{cm}^2+\frac{1}{2}Iw^2$$

여기서 $w=\frac{v_{cm}}{R}$ 임을 이용하면 다음과 같다.

$$Mgh=\frac{1}{2}Mv_{cm}^2+\frac{1}{2}\left(\frac{2}{5}MR^2\right)\left(\frac{v_{cm}}{R}\right)^2$$

이를 이용하여 cm의 속도를 구하면 다음과 같다.

$$gh=\frac{7}{10}v_{cm}^2,\quad v_{cm}=\sqrt{\frac{10}{7}gh}$$

03

(a) 보드가 받는 힘의 총합이 0이 되어야 한다.
보드 가 받는 돌림힘의 총합이 0이 되어야 한다.

(b)

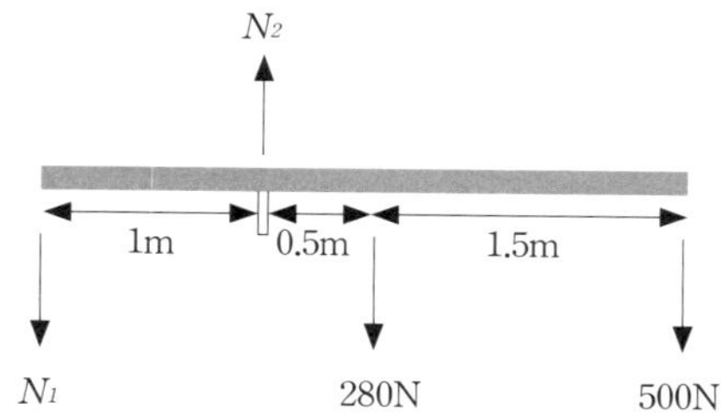

(c) (a)에서 말한 조건을 수식으로 나타내면,

$$\sum_i F_i=-N_1+N_2-280-500=0$$

$$\sum_i \tau_i=(1m)(N_1N)-(0.5m)(280N)-(2m)(500N)=0$$

두번째 조건으로부터 N_1 = 1140N,
첫 번째 조건으로부터 N_2 = 1920N 임을 알 수 있다.

04

(a) 연속방정식 $A_1v_1=A_2v_2$에 의해서,

$$\pi R^2v_0=\pi r^2v,\quad v_0=\frac{r^2}{R^2}v\ll v$$

(b) 베르누이 방정식

$$P_1+\frac{1}{2}\rho v_1^2+\rho gy_1=\rho_2+\frac{1}{2}\rho v_2^2+\rho gy_2$$

$v_1=v_0=\frac{r^2}{R^2}v$, $P_1=P_2=P_0$ (대기압),

$y_1-y_2=h$ 이라 두면

$$\frac{1}{2}\rho v_0^2+\rho gh=\frac{1}{2}\rho v_2^2,\ gh=\frac{1}{2}\left(1-\frac{r^4}{R^4}\right)v^2$$

$$v_2=v=\sqrt{\frac{2gh}{1-\frac{r^4}{R^4}}}$$

이때 구멍에서 나온 물의 운동방정식은

$y = y_0 + v_{0y}t + \frac{1}{2}a_y t$, $x = v_{0x}t = v_2 t$

$y_0 = H - h$, $y = 0$, $v_{0y} = 0$, $a_y = -g$,

$t = \sqrt{\frac{2(H-h)}{g}}$

따라서 $x = vt = 2\sqrt{\frac{h(H-h)}{1-\frac{r^4}{R^4}}}$

(c) $\frac{dx}{dh}$=0이 되는 지점을 찾으면,

$h = \frac{H}{2}$ 이다.

05

(a) m에 의해 M에 작용하는 만유인력을 $\overrightarrow{F_1}$

4m에 의해 M에 작용하는 만유인력을 $\overrightarrow{F_2}$라 하면

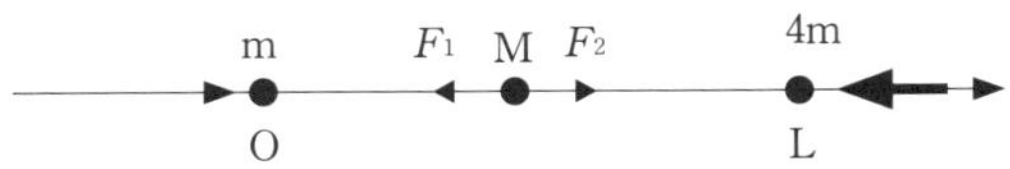

x축상 M의 위치를 x라 하면, $\overrightarrow{F_{1,2}}$는 인력이므로

x<0 이면 $\overrightarrow{F_1}$, $\overrightarrow{F_2}$ 모두 +x 방향

x>L 이면 $\overrightarrow{F_1}$, $\overrightarrow{F_2}$ 모두 -x 방향

따라서 알짜힘이 0이려면 0<x<L이어야 한다.

$F_1 = G\frac{Mm}{x^2}$, $F_2 = G\frac{4Mm}{(L-x)^2}$

$\overrightarrow{F_1} + \overrightarrow{F_2}$ =0이기 위해선, $|\overrightarrow{F_1}| = |\overrightarrow{F_2}|$,

$F_1 = G\frac{Mm}{x^2} = F_2 = G\frac{4Mm}{(L-x)^2}$,

$x = \frac{L}{3}$ 또는 $x = -L$

0<x<L이므로 $x = \frac{L}{3}$ 이다.

(b)

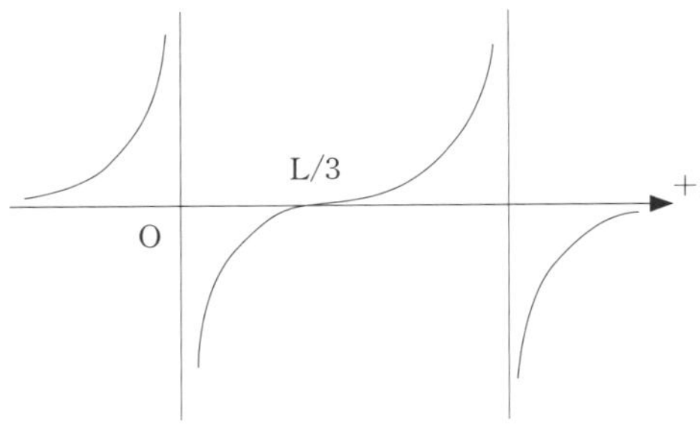

CHAPTER 03 2014년 | 1학기 3차 해설

01

(a) 각운동량 보존에 의해서,

$L = mv_P r_1 = mv_A r_2$, $v_A = v_P\frac{r_1}{r_2}$.

(b) 위성의 총 에너지는

$E = \frac{1}{2}mv_P^2 - G\frac{Mm}{r_1}$

$= \frac{1}{2}mv_A^2 - G\frac{Mm}{r_2}$

따라서 $\frac{1}{2}v_P^2 - G\frac{M}{r_1} = \frac{1}{2}v_A^2 - G\frac{M}{r_2}$

이고, (a)에 의해서

$$\frac{1}{2}v_P^2 - G\frac{M}{r_1} = \frac{1}{2}v_P^2\left(\frac{r_1}{r_2}\right)^2 - G\frac{M}{r_2}$$

$$\frac{1}{2}v_P^2\left[1 - \left(\frac{r_1}{r_2}\right)^2\right] = GM\left(\frac{1}{r_1} - \frac{1}{r_2}\right)$$

$$\frac{1}{2}v_P^2 = GM\frac{r_2}{r_1(r_1+r_2)}$$

$$E = \frac{1}{2}mv_P^2 - G\frac{Mm}{r_1}$$

$$= GMm\left(\frac{r_2}{r_1(r_1+r_2)} - \frac{1}{r_1}\right) = -\frac{GMm}{r_1+r_2}$$

(c) 원형궤도상의 위성에 대하여,

$$\frac{GMm}{r_1^2} = \frac{mv_1^2}{r_1}$$

$v_1^2 = \frac{GM}{r_1}$ 이다.

$$v_P^2 - v_1^2 = \frac{GM}{r_1}\left(\frac{2r_2}{r_1+r_2} - 1\right)$$

$$= \frac{GM}{r_1}\frac{r_2 - r_1}{r_1+r_2} > 0.$$

그러므로 $v_P > v_1$ 이다.

02

(a) 중력으로 인해 용수철이 늘어나는 길이를 ℓ 이라 했을 때, $k\ell = mg$이다. k는 용수철 상수이다. 그래서 $k/m = g/\ell$ 이고

$$f = \frac{\omega}{2\pi} = \left(\frac{1}{2\pi}\right)\sqrt{\frac{k}{m}} = \left(\frac{1}{2\pi}\right)\sqrt{\frac{g}{\ell}}.$$

이때 $\ell = d/2$ 이므로

$$f = \frac{1}{2\pi}\sqrt{\frac{2g}{d}}$$

(b) 에너지 보존법칙을 이용한다. 용수철이 늘어나기 전을 중력 포텐셜 에너지가 0이 되는 지점으로 잡는다.

$0 = \frac{1}{2}ky^2 - mgy + \frac{1}{2}mv^2$ 이므로,

$$v = \sqrt{2gy - \frac{k}{m}y^2} = \sqrt{2gy - \frac{g}{\ell}y^2}$$

$$= \sqrt{2g(4d/5) - \frac{g}{d/2}(4d/5)^2}$$

$$v = \sqrt{\frac{8gd}{25}}$$

(c) 원래 질량 m, 추가적으로 붙는 질량 M이라 하자.

새로운 진동수는 $\omega' = \sqrt{\frac{k}{m+M}}$가 된다.

이 값이 원래 진동수의 절반이 되어야 하므로, $M = 3m$.

(d) 중력과 용수철의 복원력이 평형을 이룰 때가 평형점이 된다.

$$ky = (m+M)g = (m+3m)g = 4mg.$$

$$y = \frac{4mg}{k}$$

$k/m = g/\ell$에 의해,

$$y = 4g\frac{m}{k} = 4g\frac{l}{g} = 4l = 4\frac{d}{2}.$$

$y = 2d$

03

(a) 반사되는 파동은 +x 방향으로 움직이는 파동.

$y_2(x,t)=A\cos(kx-\omega t)$

(b) 중첩의 원리에 의해, 입사파와 반사파의 합이 정상파이다.

$y = y_1 + y_2$

$= A\cos(kx+\omega t)+A\cos(kx-\omega t)$

$= A[\cos(kx+\omega t)+\cos(kx-\omega t)]$

$= 2A\cos kx\cos\omega t$

(c) 정상파에서 $\cos kx = 0$인 지점을 찾으면 된다.

$$kx = \frac{\pi}{2}, \frac{3\pi}{2}, \frac{5\pi}{2}, \ldots$$

$$= \frac{n\pi}{2} \quad (n = 1,3,5,\ldots)$$

$$\text{or } x = \frac{\pi}{2k}, \frac{3\pi}{2k}, \frac{5\pi}{2k}, \ldots$$

$$= \frac{n\pi}{2k} \quad (n = 1,3,5,\ldots)$$

$$\text{or } x = \frac{n\lambda}{4} \quad (n = 1,3,5,\ldots)$$

04

(a) $v = \sqrt{F/\mu}$

$$v = \sqrt{\frac{100N}{0.01kg/m}} = 100m/s,$$

$$v = \sqrt{\frac{144N}{0.01kg/m}} = 120m/s, f_1 = \frac{v}{2L}$$

$$f_A = \frac{v}{2L} = \frac{100m/s}{2\times 1m} = 50Hz,$$

$$f_B = \frac{120m/s}{2\times 1m} = 60Hz$$

$$|f_A - f_B| = |50Hz - 60Hz| = 10Hz$$

(b) $f' = \frac{v+v_W}{v}f = \frac{1500m/s+5m/s}{1500m/s}f$

$$f'' = \frac{v}{v+v_W}f' = \frac{1500m/s}{1500m/s-5m/s}f'$$

$$= \frac{1500m/s}{1500m/s-5m/s}\frac{1500m/s+5m/s}{1500m/s}f$$

$$= \frac{1+1/300}{1-1/300}f = (1+1/150)f$$

$$f''-f = \frac{1}{150}f$$

$$= \frac{1}{150}1.5\times 10^4 Hz = 100Hz$$

05

이상기체 방정식을 이용한다.

(a) $V = nRT/p = (1mole)(8.0J/mol\cdot K)(300K)/(1.0\times 10^5\ Pa)$

(b) $N = PV/kBT = (1\times 105Pa\times 72.0m^3)/(1.0\times 1^{-23}J/K\times 300K) = 2.4\times 10^{27}$ molecules

(c) $n = N/NA = 2.4\times 10^{27}$ molecules/6.0×

10^{23} molecules $=4.0\times10^{3}$ moles

(d) $V=(24L/mole)\times(4.0\times10^{3}moles)$

$= 9.6\times10^{4}L$

(e) $M=(4.0\times10^{3}moles)\times(0.029kg/mole)=116kg$

CHAPTER 03 2014년 | 2학기 1차 해설

01

오른쪽 절반 :

$$d\vec{E}=\frac{1}{4\pi\epsilon_0}\frac{dq}{a^2}(-\cos\theta\hat{x}-\sin\theta\hat{y})$$

$$\lambda=-Q/\frac{\pi a}{2}=-\frac{2Q}{\pi a}$$

$$dq=\lambda dl=\lambda a d\theta=-\frac{2Q}{\pi}d\theta$$

$$dE=\frac{1}{4\pi\epsilon_0}\frac{1}{a^2}\left(-\frac{2Q}{\pi}\right)d\theta(-\cos\theta\hat{x}-\sin\theta\hat{y})$$

$$E_{오른쪽}=\frac{Q}{2\pi^2\epsilon_0 a^2}(\hat{x}+\hat{y})$$

유사한 계산으로 왼쪽 절반에 의한 전기장은

$$E_{왼쪽}=\frac{Q}{2\pi^2\epsilon_0 a^2}(\hat{x}-\hat{y})$$

중첩원리에 의해 최종 전기장은

$$E=\frac{Q}{\pi^2\epsilon_0 a^2}\hat{x}$$

02

1) 가우스 법칙 $\oint\vec{E}\cdot d\vec{a}=\frac{Q_{encl}}{\epsilon_0}$ 을 통하여 전기장을 계산한다.

$$r<a,\ E=\frac{1}{4\pi\epsilon_0}\frac{Q}{a^3}r$$

$$a<r<b,\ E=\frac{1}{4\pi\epsilon_0}\frac{Q}{r^2}$$

$$b<r<c,\ E=0$$

$$c<r,\ E=\frac{1}{4\pi\epsilon_0}\frac{Q/2}{r^2}$$

2) 안쪽 : $-Q/4\pi b^2$

바깥쪽 : $\frac{Q/2}{4\pi c^2}$

03

1) $\frac{1}{2}CV^2=3.2\times10^{-9}J$

$C=4\times10^{-10}F$

$Q=CV=1.6nC$

2) $\lambda=\frac{1.6nC}{16m}=10^{-10}C/m$

$$V=\frac{\lambda}{2\pi\epsilon_0}\ln(b/a)$$

$2=\ln(b/a)$

$\therefore b/a=e^2$

04

1) 가우스 법칙을 통하여 전기장을 구한 뒤, 적분을 통하여 퍼텐셜을 구한다.

$$V = -\int_{\infty}^{r} \vec{E} \cdot d\vec{l}$$

$b > r$:

$$E = \frac{1}{4\pi\epsilon_0}\frac{q-Q}{r^2}$$

$$V = \frac{1}{4\pi\epsilon_0}\frac{q-Q}{r}$$

$a < r < b$:

$$E = \frac{1}{4\pi\epsilon_0}\frac{q}{r^2}$$

$$V = \frac{1}{4\pi\epsilon_0}\frac{q}{r} - \frac{1}{4\pi\epsilon_0}\frac{Q}{b}$$

$r < a$:

$$E = 0$$

$$V = \frac{1}{4\pi\epsilon_0}\left(-\frac{Q}{b} + \frac{q}{a}\right)$$

2) $V(a) - V(b) = \frac{q}{4\pi\epsilon_0}\left(\frac{1}{a} - \frac{1}{b}\right)$

05

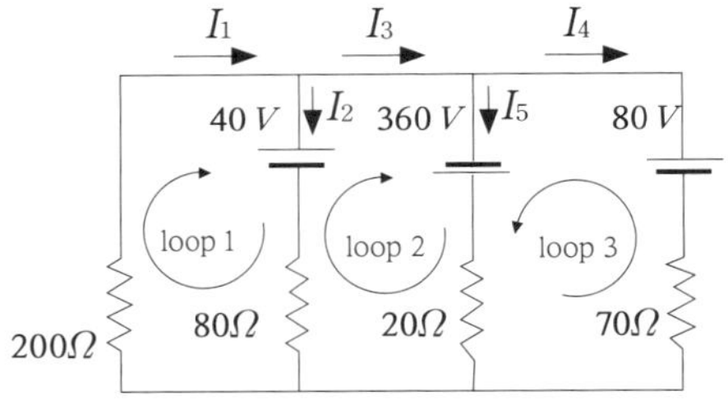

전하량 보존 :

$I_1 = I_2 + I_3$

$I_3 = I_4 + I_5$

에너지 보존 :

loop 1 : $-40 - 80I_2 - 200I_1 = 0$

loop 2 : $360 - 20I_5 + 80I_2 = 0$

loop 3 : $70I_4 + 80 + 60 - 20I_5 = 0$

$I_2 = -2.8A$, $I_1 = 0.8A$, $I_3 = 3.6A$, $I_4 = -3.8A$, $I_5 = 6.8A$

음수로 나온 값들은 방향이 도식에 표시한 방향과 반대임을 뜻한다.

70Ω에 흐르는 전류는 I_4이므로, 걸리는 전압은 $47.6V$이다.

01

(a) 자기장과 평행하므로, 자기력을 받지 않는다.

(b) $d\vec{F} = Id\vec{L} \times \vec{B} = IRd\theta B(\cos\theta\hat{x} + \sin\theta\hat{y})$
$= 2IRB\hat{y}$

(c) $d\vec{F} = Id\vec{L} \times \vec{B} = ILB\hat{y}$

02

1) $\frac{1}{2}LI^2 = \frac{1}{2}\frac{Q^2}{C}$

$Q = 3.5 \times 10^{-5}C$

2) $L\ddot{q} + \frac{1}{C}q = 0$

$q(t) = A\cos\sqrt{\frac{1}{LC}}t + B\sin\sqrt{\frac{1}{LC}}t$

$q(0) = 0$ 이므로, $q(t) = q_{\max}\sin\left(\sqrt{\frac{1}{LC}}t\right)$

$i = \dot{q} = q_{\max}\sqrt{\frac{1}{LC}}\cos\sqrt{\frac{1}{LC}}t$

그러므로, 축전기에 최대 전하가 쌓인 시각엔 전류가 흐르지 않음.

3) $q(t) = q_{\max}\sin\left(\sqrt{\frac{1}{LC}}t\right)$

$\sqrt{\frac{1}{LC}}t_{\max} = \frac{\pi}{2}$

$t_{\max} = 1.57 \times 10^{-4}s$

03

1) 반시계 방향

$r < R$: $E(2\pi r) = \frac{d}{dt}(B\pi r^2)$

$E = \frac{r}{2}\frac{dB}{dt}$

$r > R$: $E(2\pi r) = \frac{d}{dt}(B\pi R^2)$

$E = \frac{R^2}{2r}\frac{dB}{dt}$

2)

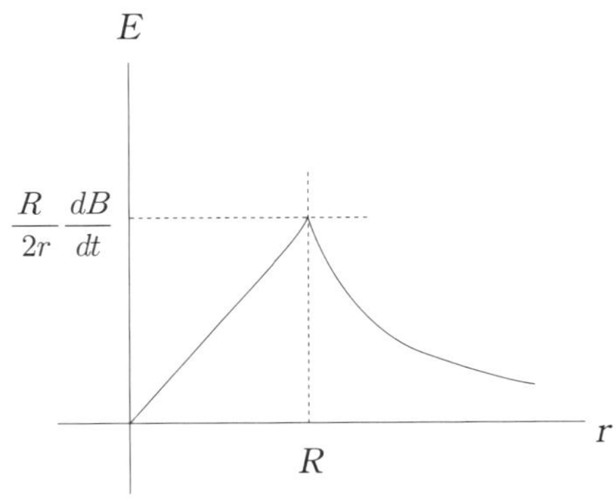

04

1) $\oint \vec{B} \cdot d\vec{s} = \mu_0 I_{encl}$

2), 3)

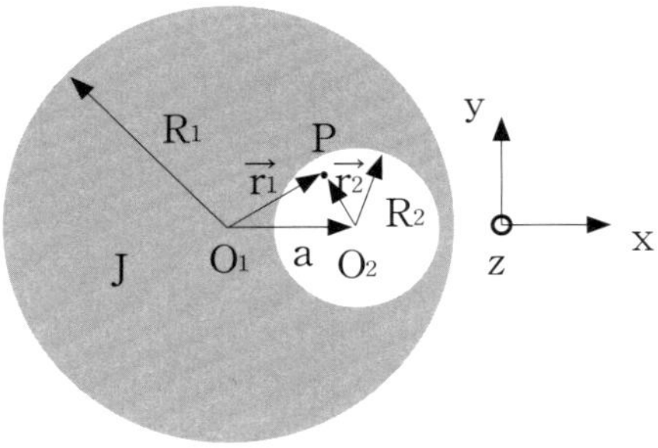

당연히, 구멍 영역에는 전류가 흐르지 않는다. 그렇다면 이렇게 생각해 볼 수 있지 않을까? 사실 그 공간에도 전류가 $\vec{J}$의 전류밀도 흐르고 있는데, 동시에 $-\vec{J}$의 전류밀도로 전류가 흐르고 있는 것이다. 마치, 수학 시간에 인수분해가 안 되는걸 되게 하려고 없는 숫자를 더했다가 빼는 거랑 같은 이치다. 그렇다면 자기장은 중첩원리가 성립하니까, 구멍에도 전류가 흐르는 즉 꽉 채워진 실린더에 흐르는 전류가 점 P에 만드는 자기장(B_1이라고 하자)과 $-\vec{J}$로 흐르는 전류가 점 P에 만드는 자기장(B_2라고하자)을 더하면($B_1 + B_2$) 알고 싶었던 자기장이 된다.

B_1을 앙페르 법칙으로 구해보면,

$B(2\pi r) = \mu_0 I_{enc} = \mu_0 \pi r^2 J \rightarrow B_1 = \frac{\mu_0 J}{2} r$

$\therefore \vec{B}_1 = \frac{\mu_0 J}{2} \hat{z} \times \vec{r_1}.$

이 되고, B_2도 앙페르 법칙으로 구해보면,

$\vec{B}_2 = -\frac{\mu_0 J}{2} \hat{z} \times \vec{r_2}.$

따라서, 최종적인 자기장은

$\vec{B}_1 + \vec{B}_2 = \frac{\mu_0 J}{2} \hat{z} \times (\vec{r_1} - \vec{r_2})$

$= \frac{\mu_0 J}{2} \hat{z} \times \vec{a} = \frac{1}{2} \mu_0 J a \hat{y}$

05

1) $\oint \vec{B} \cdot d\vec{s} = \mu_0 I_{encl}$

$B(2\pi s) = \mu_0 I$

$\Phi_B = \int B da = \frac{\mu_0 I}{2\pi} L \ln\left(\frac{h+w}{h}\right)$

2) $\varepsilon = \frac{d\Phi}{dt} = \frac{\mu_0 L}{2\pi} \ln\left(\frac{h+w}{w}\right) b$

3) 반시계

4) 오른쪽, $\frac{\mu_0 I^2}{2\pi} L\left(\frac{1}{h} - \frac{1}{h+w}\right)$

01

1) x-direction

2)

$$\lambda = \frac{2\pi}{k} = \frac{2\pi}{10} = \frac{\pi}{5}\, m \text{ and } f = \frac{\omega}{2\pi}$$

$$= \frac{3\times10^9}{2\pi} = \frac{3}{2\pi}\times10^9\, Hz$$

3)

$$\vec{E}(x,t) = E_0\,\hat{j}\cos[(10m^{-1})x-(3\times10^9 rad/s)t]$$

$$\vec{B}(x,t) = \frac{E_0}{c}\,\hat{k}\cos[(10m^{-1})x-(3\times10^9 rad/s)t]$$

$$\vec{S}(x,t) = \frac{1}{\mu_0}\vec{E}\times\vec{B}$$

$$= \frac{E_0^2}{\mu_0 c}\cos[(10m^{-1})x-(3\times10^9 rad/s)t]$$

$$\frac{E_0^2}{\mu_0 c} = 100$$

$$\therefore\ E_0 = \sqrt{100\times4\pi\times10^{-7}\times3\times10^8}$$
$$= \pm100\sqrt{1.2\pi}\ V/m$$

02

어느 축전기가 30 Ω짜리 저항, 200 V(rms)의 AC전원과 연결되어있다. 축전기의 리액턴스는 40 Ω 이라고 한다.

1) $V_{rms} = 200$ V

$$Z = \sqrt{R^2+(X_L-X_C)^2}$$

$$= \sqrt{30^2+(0-40)^2} = 50\Omega$$

$$I_{rms} = \frac{V_{rms}}{Z} = \frac{200V}{50\Omega} = 4.0A$$

2) $$\tan\phi = \frac{X_L-X_C}{R} = \frac{0-40}{30} = -1.33$$

$$\phi = \arctan(-\frac{4}{3}) \quad \text{or} \quad \phi = -53^\circ$$

부호가 음수인 것으로부터 전압이 전류보다 뒤처진다는 것을 알 수 있다.

3) $\tan\phi = -\frac{4}{3} \Rightarrow \cos\phi = \frac{3}{5}$

power= $V_{rms}I_{rms}\cos\phi = (200)(4.0)\frac{3}{5} = 480W$

or power= $I_{rms}^2 R = (4.0)^2(30\Omega) = 480W$

03

x축 방향으로 진행중인 전자기파가 있다. 이 전자기파는 평면파이며, 전기장은 $\vec{E}(x,t) = E_m\cos(kx-\omega t)\hat{j}$으로 주어진다. 광속은 $c = 3\times10^8 m/s$이다.

1) $\hat{k} = \frac{\vec{E}\times\vec{B}}{|\vec{E}\times\vec{B}|}$ 이므로,

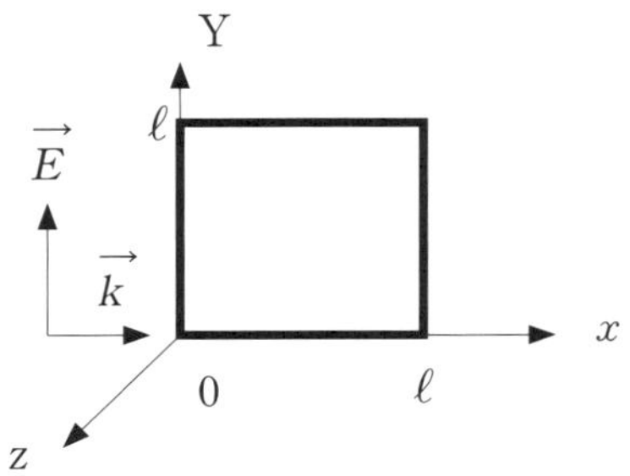

$$\vec{B}(x,t) = \frac{E_m}{c}\cos(kx - \omega t)\hat{k}$$

2) y축을 따라 기전력이 유도된다.

$$E(0,t) = E_m \cos(\omega t),$$
$$E(x = \ell, t) = E_m \cos(k\ell - \omega t)$$
$$\varepsilon_{\text{ind}}(t) = \ell E(0,t) - \ell E(\ell,t) \text{ or}$$
$$= \ell E_m \{\cos\omega t - \cos(k\ell - \omega t)\}$$
$$|\varepsilon_{\text{ind}}(t)| = 25\sin(\omega t - \frac{\pi}{6})$$
$$= -2\ell E_m \sin\frac{k\ell}{2}\sin(\omega t - \frac{k\ell}{2})$$

04

첫 번째 편광판 통과 후 : $I_1 = \frac{1}{2}I_0$

두 번째 편광판 통과 후 :

$I_2 = I_1 \cos^2 45° = \frac{1}{4}I_0$

세 번째 편광판 통과 후 :

$I_3 = I_2 \cos^2 45° = \frac{1}{8}I_0 = 125\ W/m^2$

05

1) 보라 : $2t = \left(m + \frac{1}{2}\right)\lambda \Rightarrow t = \frac{\lambda}{4}$,

$x\tan\theta = \frac{\lambda}{4}\tan\theta = \frac{\lambda_1}{4x_1}$

초록 :

$$x_2 = \frac{\lambda_2}{4\tan\theta} = \frac{\lambda_2}{4}\frac{4x_1}{\lambda_1} = x_1\frac{\lambda_2}{\lambda_1}$$

$$= (1.2\ mm)\frac{550\,nm}{400\,nm} = 1.65\,mm$$

오렌지 :

$$x_3 = \frac{\lambda_3}{4\tan\theta} = \frac{\lambda_3}{4}\frac{4x_1}{\lambda_1}$$

$$= x_1\frac{\lambda_3}{\lambda_1} = (1.2\ mm)\frac{600\,nm}{400\,nm} = 1.8\,mm$$

2) m=1, 보라 : 3.6 m, 초록 : 4.95 mm, 오렌지 : 5.4 mm

3)

$$h = x\tan\theta = 0.1 \times \frac{400 \times 10^{-9}}{4 \times 1.2 \times 10^{-3}} \approx 8.3\,\mu m$$

01

h_1=15-$\frac{1}{2}gt^2$, h_2=25t-$\frac{1}{2}gt^2$.

둘이 같아지는 시점은, t=0.6

02

(a) A와 B의 질량을 각각 A, B라 한다면

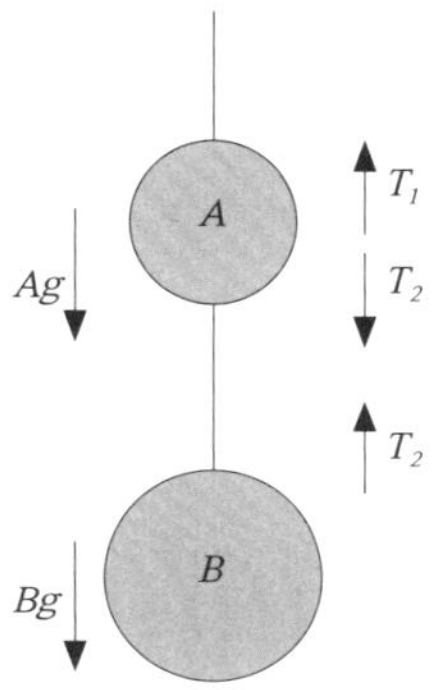

(b) $T_2-Bg=6B$. $T_1-T_2-Ag=6A$.

$T_2=Bg+6B=13(N)$

$T_1=T_2+Ag+6A=16(N)$

(c) $T_2-Bg=-0.6B$.

$T_1-T_2-Ag=-0.6A$.

$T_2=Bg-0.6B=7(N)$

$T_1=T_2+Ag-0.6A=9(N)$

03

B에 의한 수직항력을 n_1, A에 의한 수직항력을 n_2라 하자

$n_1=\frac{4}{5}w$, $n_2=\frac{16}{5}w$

$f_1=\mu_k n_1=\frac{4}{5}\mu_k w$. $f_2=\mu_k n_2=\frac{16}{5}\mu_k w$

$3w\sin 36.9^\circ - f_1 - f_2 = 0$, $\mu_k=\frac{9}{20}$

04

(a) $W=-\int_0^{0.1} kx\,dx=-2.5J$

(b) 알짜힘이 한 일은 운동에너지의 변화량이므로,

$\int_0^{0.1}(kx-5)dx=\frac{1}{2}mv_0^2$, $v_0=2\sqrt{2}$ m/s.

$mgh=(0.5)(10)(h)=\frac{1}{2}mv_0^2$ 이므로,

h=6.4m

(c) 블록이 떨어지기 시작할때부터 최대로 압축될때까지의 높이차는 0.5m이므로, 중력이 블록에 한 일의 양은 5*0.5=2.5J

05

(a) 에너지 보존법칙을 이용.

$\frac{1}{2}mv^2-mgd=-fd$. $1000v^2$
$=16000$, $v=4m/s$

(b) 에너지 보존법칙을 이용.

$\frac{1}{2}kH^2-mgH-\frac{1}{2}mv^2=-fH$

$8000H^2-8000H-16000=0$. $H=2m$

01

운동량 보존에 의해서,

$$mv = m\frac{v}{2} + MV_B \quad , \quad v = \frac{2MV_B}{m}$$

에너지 보존 법칙을 이용한다. 최소한의 속력: 진자가 천장에 있을 때 속력이 거의 0임을 의미.

$$K_i + U_i = K_f + U_f \quad ,$$

$$\frac{1}{2}MV_B^2 + 0 = 0 + 2MgL, \quad V_B^2 = 4gL,$$

$$V_B = 2\sqrt{gL} \ .$$

$$\therefore \quad v = \frac{4M}{m}\sqrt{gL}$$

02

(a) 평행축 정리에 의해,

$$I = I_{cm} + Md^2 = \frac{1}{12}ML^2 + M\left(\frac{L}{2}\right)^2$$

$$= \frac{1}{3}ML^2.$$

(b) 에너지 보존 $K_i + U_i = K_f + U_f$이므로,

$$0 = \frac{1}{2}I\omega^2 - Mg\left(\frac{L}{2}\right)$$

$$\omega = \sqrt{\frac{MgL}{I}} = \sqrt{\frac{MgL}{\frac{1}{3}ML^2}} = \sqrt{\frac{3g}{L}}$$

$$v = r\omega = L\sqrt{\frac{3g}{L}} = \sqrt{3gL}$$

03

(a)

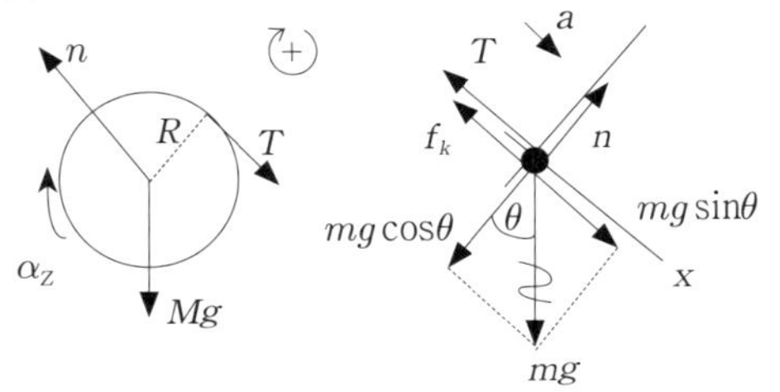

(b) 자유물체도로부터 뉴턴 운동 방정식에 대입

$$TR = I\alpha, \ \alpha = \frac{a}{R} \ \rightarrow \ T = I\frac{a}{R^2}(4\text{점}),$$

$$-T - \mu_k n + mg\sin\theta = ma, \ \ n = mg\cos\theta,$$

$$\sin\theta = \frac{3}{5}, \ \cos\theta = \frac{4}{5}, \ \mu_k = 0.25$$

계산하기

$$a = \frac{mg(\sin\theta - \mu_k\cos\theta)}{(m + I/R^2)} = 2.00m/s^2, \ \ T = I\frac{a}{R^2} = 10.0N$$

04

$$Mgh = \frac{1}{2}Mv^2 + \frac{1}{2}Iw^2$$

$$= \frac{1}{2}MR^2\omega^2 + \frac{1}{4}MR^2\omega^2 = \frac{3}{4}MR^2\omega^2$$

$$\omega = \frac{1}{0.1}\sqrt{\frac{4}{3}(9)(3)} = 60rad/s$$

$$v_x = v_0\cos(30) = 6*1.7/2 = 5.1m/s$$

$$v_y = -v_0\sin(30) = 6*1/2 = -3.0m/s$$

$$t = \frac{-v_{0y} + \sqrt{v_{0y}^2 + 2gH}}{g} = 1.0s$$

따라서 수평방향으로 이동한 거리는 5.1m이다.

05

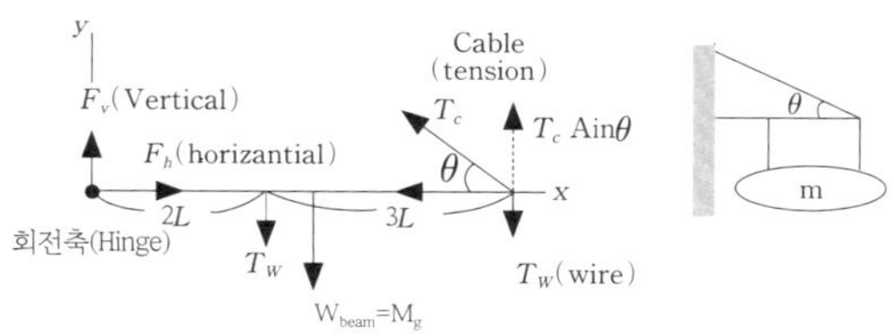

(a) 간판이 대칭되는 위치에 달려있으므로 끈에 작용하는 장력 T_w는 $\frac{1}{2}mg$ 이다.

평형조건에 의해 시스템 돌림힘의 합은 0이다.

$$\sum\tau = (T_c\sin\theta)5L - \frac{5}{2}LW_{beam} - 2T_wL$$

$$= 5T_wL = 0$$

=> $T_c = \frac{1}{\sin\theta}[\frac{mg}{2} + \frac{7}{10}mg] = \frac{4mg}{5\sin\theta}$

(M=m/5)

(b) 평형조건: F_y의 합은 0임을 이용.

$$\sum F_y = F_v + T_c\sin\theta - 2T_w - W_{beam} = 0$$

=> $F_v = 2T_w - T_c\sin\theta + W_{beam} = \frac{2}{5}mg$

($W_{beam} = mg$)

CHAPTER 04 2015년 | 1학기 3차 해설

01

(a)

$$G\frac{Mm}{r^2} = m\frac{v^2}{r} \Rightarrow v^2 = \frac{GM}{r} \Rightarrow v = \sqrt{\frac{GM}{R+h}}$$

(b)

$$E = K + U = \frac{1}{2}mv^2 - \frac{GMm}{R+r}$$

$$= -\frac{GMm}{2r} = -\frac{GMm}{2(R+h)}$$

(c) $W = E_2 - E_1 = -\frac{GMm}{2(R+h)} + \frac{GMm}{2R}$

(d)

$$W_{2\to\infty} = E_\infty - E_2$$

$$= 0 - \left[-\frac{GMm}{2(R+h)}\right] = \frac{GMm}{2(R+h)}$$

또는

$$W_{1\to\infty} = E_\infty - E_1 = 0 - \left[-\frac{GMm}{2R}\right]$$

$$= \frac{GMm}{2R}$$

02

운동량 보존에 의해서 $mv_0 = (M+m)v_{\max}$ 이다.
에너지 보존에 의해서
$\frac{1}{2}(M+m)v_{\max}^2 = \frac{1}{2}kB^2$ 이므로,

$$k = \frac{(M+m)v_{\max}^2}{B^2}$$

$$T = 2\pi\sqrt{\frac{M+m}{k}} = 2\pi\sqrt{(M+m)\frac{B^2}{(M+m)v_{\max}^2}}$$

$$= \frac{2\pi B}{v_{\max}}$$

$$= 2\pi\frac{(M+m)}{m}\frac{B}{v_0}$$

03

줄을 이동하는 파동은 다음과 같이 쓸 수 있다.
$y(x,t) = A\cos(kx-\omega t)$

줄의 수직방향속도는 다음과 같다.

$$v_y(x,t) = \frac{\partial y(x,t)}{\partial t} = A\omega\sin(kx-\omega t)$$

그리고 수직방향 가속도는 다음과 같다.

$$a_y(x,t) = \frac{\partial v_y(x,t)}{\partial t} = -A\omega^2\cos(kx-\omega t)$$

무중력 순간을 느끼기 위해선 $a_y = g$, $A\omega^2 \ge g$ 이어야 하므로
$A_{\min} = g/\omega^2 (v = \sqrt{F/\mu}, \omega = vk = \sqrt{\frac{F}{\mu}}\frac{2\pi}{\lambda})$

$$A_{\min} = \frac{g}{\omega^2} = \frac{\mu\lambda^2}{4\pi^2 F}g.$$

04

y=0인 지점 A_2에 대해 베르누이 정리를 적용하면

$$P_1 + \rho gh + \frac{1}{2}\rho v_1^2 = P_2 + 0 + \frac{1}{2}\rho v_2^2$$

$(P_1 = P_0 + mg/A_1,\ P_2 = P_0;\ P_0$는 대기압)

연속방정식에 의해 $A_1v_1 = A_2v_2$,

$$v_2 = \frac{A_1}{A_2}v_1$$

베르누이 정리와 연속방정식을 혼합하면

$$\frac{1}{2}\rho\left[\left(\frac{A_1}{A_2}\right)^2 - 1\right]v_1^2 = \frac{mg}{A_1} + \rho gh,$$

$$v_1 = \left[\frac{2\left(\frac{mg}{\rho A_1} + gh\right)}{\left(\frac{A_1}{A_2}\right)^2 - 1}\right]^{1/2}$$

01

1) $\frac{1}{2\epsilon_0}\frac{Q}{\pi R^2}\left(1-\frac{x}{\sqrt{x^2+R^2}}\right)$

2) $\left[1+R^2/x^2\right]^{-1/2}\simeq 1-\frac{1}{2}\frac{R^2}{x^2}$

$\therefore E\simeq\frac{1}{4\pi\epsilon_0}\frac{Q}{x^2}$

3) $E\simeq\frac{1}{2\epsilon_0}\frac{Q}{\pi R^2}$

02

1) $E=\frac{\lambda}{2\pi\epsilon_0}\frac{1}{r}$

2) $r<R: E=0$

$R_1<r<R_2 \,:\, E=\frac{A}{\epsilon_0}\left(1-\frac{R_1}{r}\right)$

3) $\left(\frac{\lambda}{2\pi\epsilon_0}-\frac{R_1 A}{\epsilon_0}\right)\frac{1}{r}=0$

$A=\frac{\lambda}{2\pi R_1}$

03

1)

$r>b\,:\, V=\frac{1}{4\pi\epsilon_0}\frac{-Q}{r}$

$a<r<b\,:\, V=\frac{1}{4\pi\epsilon_0}\frac{-Q}{b}+\frac{1}{4\pi\epsilon_0}\left(\frac{q}{r}-\frac{q}{b}\right)$

$r<a\,:\, V=\frac{1}{4\pi\epsilon_0}\frac{-Q}{b}+\frac{q}{4\pi\epsilon_0}\left(\frac{1}{a}-\frac{1}{b}\right)$

2)

$V_{ab}=V(a)-V(b)=\frac{Q}{4\pi\epsilon_0}\left(\frac{1}{a}-\frac{1}{b}\right)$

$C=\frac{Q}{V}=\frac{4\pi\epsilon_0 ab}{b-a}$

04

1) $C_1=\epsilon\frac{ax}{d},\quad C_2=\epsilon_0\frac{a(l-x)}{d}$

2) $C=\epsilon\frac{ax}{d}+\epsilon_0\frac{a(l-x)}{d}$

3) $U=\frac{1}{2}\left(\epsilon\frac{ax}{d}+\epsilon_0\frac{a(l-x)}{d}\right)V^2$

01

1)

$$L_1 : -3I_3 - 5 + 2I_2 + I_1 = 0$$
$$L_2 : -3(I_2 + I_3) + 2(I_1 - I_2) - 2I_2 + 5 = 0$$
$$L_3 : +3 - I_1 - 2(I_1 - I_2) = 0$$
$$I_2 = \frac{33}{25}$$

2) a에서 b로 가면서 떨어지는 전압은

$$V_a - I_2R_2 + \varepsilon_2 = V_b$$

$$\therefore V_a - V_b = 33/25 \times 2 - 5 = -59/25\ V$$

02

1) $\vec{v} = v_x\hat{i} + v_z\hat{k},\ v_x = 2.00 \times 10^5 \mathrm{m/s}$,

$v_z = 2.00 \times 10^5 \mathrm{m/s}$

$$\vec{F} = q\vec{v} \times \vec{B} = q(v_x\hat{i} + v_z\hat{k}) \times B\hat{i} = qv_zB\hat{j}$$
$$= (1.60 \times 10^{-19}\mathrm{C})(2.00 \times 10^5 \mathrm{m/s})(0.500\mathrm{T})\hat{j}$$
$$= (1.60 \times 10^{-14}\mathrm{N})\hat{j}$$

$$\vec{a} = \frac{\vec{F}}{m} = \frac{1.60 \times 10^{-14}\mathrm{N}}{1.60 \times 10^{-27}\mathrm{kg}}\hat{j}$$
$$= (1.00 \times 10^{13}\mathrm{m/s^2})\hat{j}$$

2) $\vec{B}$ 에 수직한 속도의 성분은 v_z.

$$R = \frac{mv_z}{|q|B} = \frac{(1.60 \times 10^{-27}\mathrm{kg})(2.00 \times 10^5 \mathrm{m/s})}{(1.60 \times 10^{-19}\mathrm{C})(0.500\mathrm{T})}$$
$$= 4.00 \times 10^{-3}\mathrm{m} = 4.00\mathrm{mm}$$

$$\omega = \frac{|q|B}{m} = \frac{(1.60 \times 10^{-19}\mathrm{C})(0.500\mathrm{T})}{1.60 \times 10^{-27}\mathrm{kg}}\mathrm{rad/s}$$
$$= 5.00 \times 10^7 \mathrm{rad/s}$$

주기 :

$$T = \frac{2\pi R}{v_x} = \frac{2\pi}{\omega} = \frac{2\pi}{5.00 \times 10^7 \mathrm{s^{-1}}}$$
$$= 1.20 \times 10^{-7}\mathrm{s}$$

회전 당 축방향의 이동 거리 :

$$v_xT = (2.00 \times 10^5 \mathrm{m/s})(1.20 \times 10^{-7}\mathrm{s})$$
$$= 0.0240\mathrm{m} = 24.0\mathrm{mm}$$

03

$F = -2ILB\hat{j}$(직선 부분)

$+2IR_1B\hat{j}$(큰 반원 : 대칭성에 의해 y성분만 남음)

$-2IR_2B\hat{j}$(작은 반원 : 대칭성에 의해 y성분만 남음)

$= 2I(R_1 - R_2 - L)B\hat{j}$

01

1) $|\varepsilon| = \frac{d\Phi}{dt} = B\frac{dA}{dt} = BLv$

$I = \frac{V}{R} = \frac{BLv}{R}$

$F_B = ILB = \frac{B^2L^2v}{R}$

2) $F_B = ILB = \frac{B^2L^2v}{R} = F$

$v = \frac{RF}{B^2L^2}$

3) $P = VI = \frac{V^2}{R} = B^2L^2v^2/R = \frac{RF^2}{B^2L^2}$

02

1) $i_0 = i_1 + i_2$

$-L\frac{di_1}{dt} + i_2R = 0$

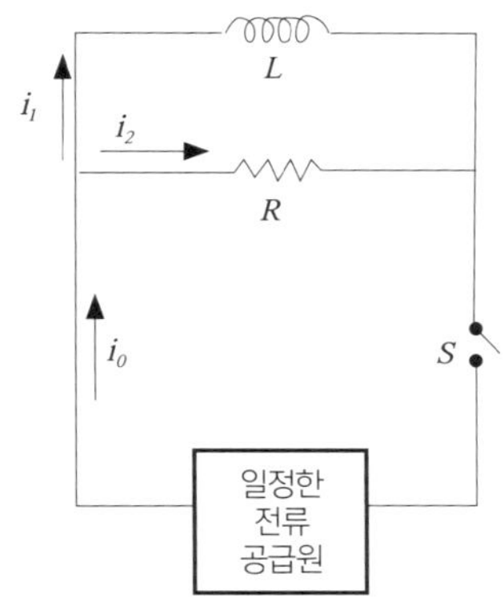

위 두 가지 관계식을 연립한다.

$L\frac{di_1}{dt} = (i_0 - i_1)R$

$i_1(0) = 0$이므로,

$i_1 = i_0\left(1 - e^{-\frac{R}{L}t}\right)$

2) $i_1 = i_0\left(1 - e^{-\frac{R}{L}\tau}\right) = \frac{1}{2}i_0$

$\tau = \frac{L}{R}\ln 2$

03

1) $w_{resonance} = \frac{1}{\sqrt{LC}} = 2500/s$

2) $V_{rms} = \frac{V_{\max}}{\sqrt{2}}$

$V_{rms} = I_{rms}R$

$I_{rms} = \sqrt{2}A$

3) $X_C = \frac{1}{wC} = 100\Omega$

$X_L = wL = 400\Omega$

$Z = \sqrt{R^2 + (X_L - X_C)^2} = 10^{5/2}$

$\tan\phi = \frac{X_L - X_C}{R} = 3$

04

1) $$I = \frac{\text{전력}}{\text{가상의 구 표면적}} = \frac{94.2\times10^3}{4\pi(500)^2}$$
$$= 3\times10^{-2}\,W/m^2$$

2) $I = \frac{1}{2}\epsilon_0 E_{\max}^2$ 이므로,

$$E_{\max} = 5\,N/C$$
$$B_{\max} = E_{\max}/c = \frac{5}{3}\times10^{-8}\,T$$

05

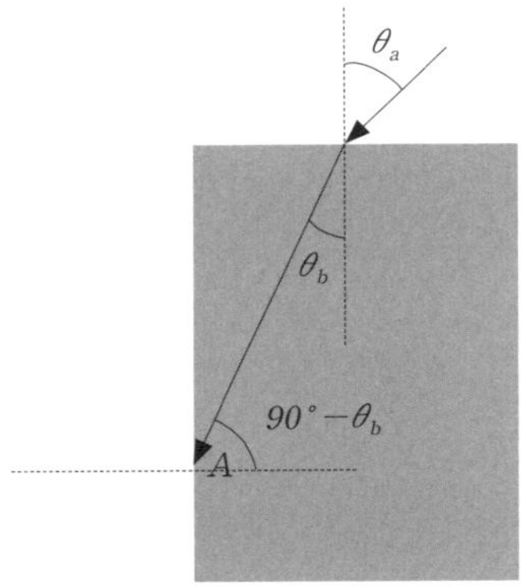

$$\frac{\sin\theta_a}{\sin\theta_b} = n$$

점 A에서 전반사가 일어나려면

$$\sin(90^\circ - \theta_b) = \frac{1}{n} = \cos(\theta_b)$$

따라서,

$$\sin\theta_{\max} = n\sin\theta_b = n\frac{\sqrt{n^2-1}}{n}$$

$$\therefore \cos\theta_{\max} = \sqrt{2-n^2}$$

CHAPTER 05 2016년 | 1학기 1차 해설

01

$$v_y = \frac{dy}{dt} = \frac{dy}{dx}\frac{dx}{dt} = (2bx-1)v_x = 2m/s$$

$$a_y = \frac{dv_y}{dt} = \frac{dv_y}{dx}\frac{dx}{dt} = [2bv_x + (2bx-1)\frac{dv_x}{dx}]v_x.$$

이때 $\frac{dv_x}{dx} = \frac{dv_x}{dt}\frac{dt}{dx} = \frac{a_x}{v_x}$ 이므로,

$$a_y = 8m/s^2$$

02

$\Sigma F_{x1} = F - m_2 g sin\theta - T = m_2 a$

a=6-T.

$\Sigma F_{x2} = T = m_1 a = 3a$,

$a = \frac{T}{3}$, $\frac{T}{3} = 6 - T$. T=4.5N.

03

$w = \frac{2\pi}{T_0}$. $v = Rw = \frac{2\pi R}{T_0}$.

대각선방향 케이블에 걸리는 장력을 T_2, 수평방향 케이블에 걸리는 장력을 T_1이라 하면,

$\Sigma F_y = T_2 \cos\beta - (m+M)g = 0$.

$T_2 = \frac{(m+M)g}{\cos\beta}$

$\Sigma F_x = T_2 \sin\beta + T_1 = (m+M)a_c$

$= \frac{(m+M)v^2}{R}$

$T_1 = \frac{(m+M)v^2}{R} - T_2 \sin\beta$.

$T_1 = (m+M)(\frac{4\pi^2 R}{T_0^2} - gtan\beta)$

04

A지점의 에너지: $E_1 = mgL(1-\cos\theta)$

B지점의 에너지: $E_2 = \frac{1}{2}mv^2$

$E_{loss} = -f_d L\theta$.

$E_1 + E_{loss} = E_2$이므로,

$mgL(1-\cos\theta) - f_D L\theta = \frac{1}{2}mv^2$

$mv^2 = 2mgL(1-\cos\theta) - 2f_D L\theta$.

B지점에서 힘의 평형을 고려하면,

$\Sigma F = T - mg = ma_c = mv^2/L$

$T = mg(3 - 2\cos\theta) - 2f_D\theta$

05

초기지점의 역학적 에너지를 E_1=0으로 두자.

늘어난 용수철의 탄성에너지:

$E_{s2} = \frac{1}{2}kx^2 = 32(J)$.

낙하거리만큼 중력에 의한 위치에너지가 감소하므로,

$E_{g2} = -mgh = -80(J)$

운동에너지는 $E_{k2} = \frac{1}{2}mv^2 = 10v^2$

$E_2 = E_{s2} + E_{g2} + E_{k2} = E_1 = 10v^2 - 48 = 0$

(마찰이 없을 때 역학적 에너지 보존)

$v^2 = 4.8$

01

(a)

$$a = \frac{v - v_0}{t} = \frac{(10m/s) - (5m/s)}{2s} = 2.5m/s^2$$

$$a = R\alpha \Rightarrow \alpha = \frac{a}{R} = \frac{2.5m/s^2}{0.5m} = 5.0rad/s^2$$

(b) 자갈의 선속도는 자전거의 선속도와 같다.

$$v_0 = R\omega_0 = 5m/s$$

$$\Rightarrow \omega_0 = \frac{v_0}{R} = \frac{5m/s}{0.5m} = 10rad/s$$

$$\theta = \omega_0 t + \frac{1}{2}\alpha t^2$$

$$= (10rad/s)(2s) + \frac{1}{2}(5rad/s^2)(2s)^2$$

$$= 30rad$$

(c) 자전거와 자갈이 이동한 거리는

$$l = R\theta = (0.5m)(30rad) = 15m$$

02

a) $F = w_0 = mg = 5kg \times 11m/s^2 = 55N$

b)

$$v = \frac{2\pi R}{T} = \frac{2 \times 3.14 \times (2.5 \times 10^7 m)}{15 \times 3600s}$$

$$= 2.9 \times 10^3 m/s$$

$$w = w_0 - \frac{mv^2}{R} = 55N - \frac{5kg \times (2.9 \times 10^3 m/s)^2}{2.5 \times 10^7 m}$$

$$= 55N - 1.7N = 53.3N$$

03

1, 2 지점의 높이는 같다. 따라서 베르누이 방정식으로부터 유체의 밀도를 ρ라 하면 $p_1 + \frac{1}{2}\rho v_1^2 = p_2 + \frac{1}{2}\rho v_2^2$이 성립한다.
그리고 연속방정식으로부터 2 지점의 유체의 속력을 v_2라 하면 $v_2 = (A_1/A_2)v_1$이 성립하고 이를 베르누이 식에 대입하여 정리하면 $p_1 - p_2 = \frac{1}{2}\rho v_1^2\left(\frac{A_1^2}{A_2^2} - 1\right)$를 얻는다.
이제 압력차 $p_1 - p_2$는 수직 기둥의 유체높이차로부터 구할 수 있다.
유체표면에서 깊이 y인 곳의 압력은 유체 표면의 압력을 p_0라 하면 $p = p_0 = \rho gy$ 이므로 이를 이용하여 1, 2 지점에서 압력을 구하면 $p_1 - p_2 = \rho gh$ 가 된다.

따라서 $v_1 = \sqrt{\frac{2gh}{(A_1/A_2)^2 - 1}}$ 을 얻는다.

04

(a) 충격량의 정의 $\vec{J} = \int_{t1}^{t2} \sum \vec{F} dt$ 를 이용.
동쪽 방향을 $+x$로 두자.
$P_1 = 100 kg \cdot m/s$ $F = -(20 N/s)t$.
$t_1 = 0$ 이고, t_2 를 구해야 한다.

$$J = P_2 - P_1 = \int_0^{t2} (-20 N/s)t' dt'$$

$$= -(10 N/s)t_2^2$$

$P_2 = -60 kg \cdot m/s$ 이므로,

$$P_1 = 100\,kg\cdot m/s - 160\,kg\cdot m/s$$
$$= -(10\,N/s)t_2^2$$
$$t_2 = \left(\frac{160}{10}\right)^{0.5} s = 4\,s$$

(b) $W = K_2 - K_1$

$P_2 = -60\,kg\cdot m/s$,

$P_1 = 100\,kg\cdot m/s$

$$W = K_2 - K_1 = \frac{P_2^2}{2m} - \frac{P_1^2}{2m}$$
$$= \frac{(-60kg\cdot m/s)^2}{2\cdot 40kg} - \frac{(-100kg\cdot m/s)^2}{2\cdot 40kg} = -80\,J$$

(c) $t_2 = 4\,s$ 일때

$$a = \frac{F}{m} = \frac{(20\,N/s)4s}{40\,kg} = 2\,m/s^2$$

'05

(a)

$$I = MR^2 + 4\times\frac{1}{12}(2m)(2R)^2 = \left(M + \frac{8}{3}m\right)R^2$$

(b) $(M+8m)a = F - f_s$

$\tau = I\alpha = Rf_s$, $a = R\alpha$

$$\Rightarrow \quad f_s = \frac{I}{R^2}a = \left(M + \frac{8}{3}m\right)a\,.$$

$I = \left(M + \frac{8}{3}m\right)R^2$이므로,

$$\Rightarrow \quad (M+8m)a = F - \left(M + \frac{8}{3}m\right)a$$
$$\Rightarrow \quad a = \frac{F}{\left(2M + \frac{32}{3}m\right)}$$

(c) $$f_s = \frac{I}{R^2}a = \left(M + \frac{8}{3}m\right)\frac{F}{2M + \frac{32}{3}m}$$
$$\le \mu_s(M+8m)g$$

$$F_{\max} = \frac{(M+8m)\left(M + \frac{16}{3}m\right)}{\left(M + \frac{8}{3}m\right)}g$$
$$= \frac{(M+8m)(3M+16m)}{(3M+8m)}g$$

CHAPTER 05 2016년 | 1학기 3차 해설

'01

(a) 물체에 힘 F를 가할 때 각 용수철이 늘어나는 길이를 각각

x_1, x_2라 한다면 $F = k_1x_1$, $F = k_2x_2$.

전체가 늘어나는 길이를 x라 하면

$$x = \frac{F}{x} = \frac{F}{k_1} + \frac{F}{k_2}\; k = \frac{k_1k_2}{k_1 + k_2}$$

단순조화진동 운동에서 $w = \sqrt{k/m}$이므로,

$$T = \frac{2\pi}{w} = 2\pi\sqrt{\frac{m}{k_1 k_2}(k_1+k_2)}$$

(b) 물체를 x만큼 움직였을 때 물체에 작용하는 탄성력 F는

$$F = k_1 x + k_2 x = kx, \quad k = k_1 + k_2.$$

$$f = \frac{w}{2\pi} = \frac{1}{2\pi}\sqrt{\frac{k_1+k_2}{m}}.$$

02

(a) 파동의 속력을 v, 줄의 길이를 L이라고 하면 기본진동수 $f_1 = \frac{v}{\lambda} = \frac{v}{2L}$.
배음진동수는 $f_n = \frac{nv}{2L}$.

$\frac{336Hz}{252Hz} = \frac{4}{3}$이므로, 각각 3번째와 4번째

배음 진동수다.

따라서 기본진동수는 $f_1 = 252/3 = 84(Hz)$

(b) 336Hz는 4배 진동이다.

(c) $f_1 = \frac{v}{2L} = \frac{1}{2L}\sqrt{\frac{F}{\mu}}$.

이때 선밀도 μ는 질량(7.5g)을 길이(3m)로 나눈 값이다.
따라서 F=640N

03

A와 B 사이의 거리 4m = 두 파동의 경로차 ΔL

(a) 보강간섭 조건: $\Delta L = n\lambda$이면 보강간섭이 일어난다.

$$f_n = \frac{v}{\lambda} = \frac{344m/s}{\Delta L}n = \frac{344}{4}n.$$

가장 낮을 때는 n=1일 때.
따라서 86Hz일 때 보강간섭이 일어난다.

(b) 상쇄간섭 조건: $\Delta L = n\frac{\lambda}{2}$

(a)번과 같이 n=1일 때 상쇄간섭 주파수를 구하면, 43Hz.

04

이상기체 방정식 PV=nRT에 의해서, 블록을 올리고 난 뒤에도 PV의 값은 일정함을 이용.
블록의 무게가 원반 무게의 3배이므로, 블록을 올리고 난뒤의 압력은 기존 압력의 4배가 된다. 부피는 1/4 가 된다.
따라서 블록을 올린뒤의 높이는 4m의 1/4인 1m.

05

(a) adb 과정에서 시스템이 한 일이 13J일 때, ΔU는 온도에만 의존하는 함수이므로 경로와 상관없이 경로의 시작과 끝만 같으면

같은 값을 가진다. $Q_{acb}=W_{acb}+\Delta U_{ab}$,

$\Delta U_{ab}=Q_{acb}-W_{acb}=25J$.

$Q_{adb}=W_{adb}+\Delta U_{ab}=W_{adb}+\Delta U_{ab}$

$=13+25=38(J)$

(b) b−>a 과정에서 부피가 감소했으므로 W<0, $W_{ba}=-39J$

$\Delta U_{ba}=-\Delta U_{ab}=-25J$, Q_{ba}

$=(-39)+(-25)=-64(J)$

(c) $Q_{adb}=Q_{ad}+Q_{db}$.

이때 $d\to b$는 등적과정이므로, $W_{db}=0$.

$W_{adb}=W_{ad}$.

$Q_{ad}=\Delta U_{ad}+W_{ad}$. $\Delta U_{ad}=U_d-U_a=12$.

$W_{ad}=W_{adb}=13(J)$. $Q_{ad}=12+13$

$=25(J)$

$Q_{db}=\Delta U_{db}+W_{db}$. $Q_{db}=Q_{adb}-Q_{ad}$

$=38-25=13(J)$

CHAPTER 05 2016년 | 2학기 1차 해설

01

1) $dE=\frac{1}{4\pi\epsilon_0}\frac{\lambda dl}{(x-l)^2}$

$\vec{E}=\frac{\lambda}{4\pi\epsilon_0}\hat{x}\int_0^a\frac{dl}{(l-x)^2}=\frac{Q}{4\pi\epsilon_0}\frac{1}{x(x-a)}\hat{x}$

2) $\vec{F}=\frac{qQ}{4\pi\epsilon_0}\frac{1}{(a+r)r}\hat{x}$

02

구멍이 채워진 채로 전기장을 구하고 E_1

구멍에 크기가 같고 부호가 반대인 전하밀도로 채워진 전기장을 구해서 E_2

두 전기장을 합치면 최종 전기장이 된다.

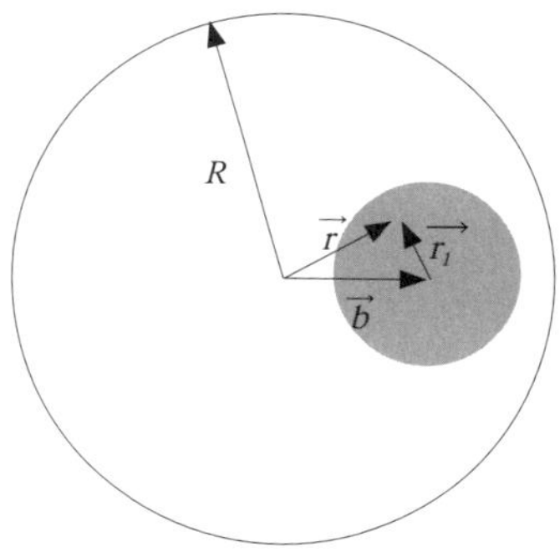

$\vec{E_1}=\frac{\rho}{2\epsilon_0}\vec{r}$

$\vec{E_2}=-\frac{\rho}{2\epsilon_0}\vec{r_1}$

$\vec{E}=\vec{E_1}+\vec{E_2}=\frac{\rho}{2\epsilon_0}(\vec{r}-\vec{r_1})=\frac{\rho}{2\epsilon_0}\vec{b}$

03

1) 안쪽 면 : $q_{\in \neq r} = -Q$

바깥 면 : $q_{\text{outer}} = +Q$

2) $r \geq b$:

$$V = V_Q + V_{q_{\in \neq r}} + V_{q_{\text{outer}}}$$
$$= \frac{1}{4\pi\epsilon_0}\frac{Q}{r} - \frac{1}{4\pi\epsilon_0}\frac{Q}{r} + \frac{1}{4\pi\epsilon_0}\frac{Q}{r} = \frac{1}{4\pi\epsilon_0}\frac{Q}{r}$$

$a \leq r \leq b$:

$$V = V_Q + V_{q_{\in \neq r}} + V_{q_{\text{outer}}}$$
$$= \frac{1}{4\pi\epsilon_0}\frac{Q}{r} - \frac{1}{4\pi\epsilon_0}\frac{Q}{r} + \frac{1}{4\pi\epsilon_0}\frac{Q}{b} = \frac{1}{4\pi\epsilon_0}\frac{Q}{b}$$

$0 < r \leq a$:

$$V = V_Q + V_{q_{\in \neq r}} + V_{q_{\text{outer}}}$$
$$= \frac{1}{4\pi\epsilon_0}\frac{Q}{r} - \frac{1}{4\pi\epsilon_0}\frac{Q}{a} + \frac{1}{4\pi\epsilon_0}\frac{Q}{b}$$

3)

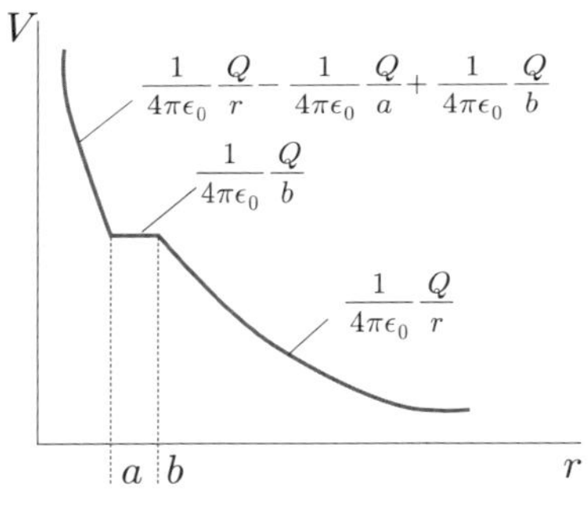

04

1) $E = \frac{\lambda}{2\pi\epsilon_0}\frac{1}{r}$

2) $V = \frac{\lambda}{2\pi\epsilon_0}\ln(r_b/r_a)$

$\lambda = Q/L,\ Q = CV$

$$C/L = \frac{2\pi\epsilon_0}{\ln(r_b/r_a)}$$

3) $\frac{1}{2}CV^2 = 3.2 \times 10^{-9} J$

$C = 4 \times 10^{-10} F,\quad Q = CV$

$Q = 1.6\,nC$

05

1) $C_{eq} = \frac{C_1 C_2}{C_1 + C_2} = \frac{k_1 k_2}{k_1 + k_2}\epsilon_0\frac{2A}{d}$

2) $C_{eq} = C_1 + C_2 = \frac{k_1 k_2}{k_1 + k_2}\epsilon_0\frac{A/2}{d}(k_1 + k_2)$

3)

$$C_{eq} = C_1 + C_2 = \frac{k_2}{1 + k_2}\epsilon_0\frac{A/2}{d}(1 + k_2)$$

$$U = \frac{d\,Q^2}{\epsilon_0 A(1 + k_2)}$$

01

1) $dR_1 = \rho_1 \dfrac{dr}{2\pi r^2}$

$\therefore R_1 = \int_a^b \rho_1 \dfrac{dr}{2\pi r^2} = \dfrac{\rho_1}{2\pi}\left(\dfrac{1}{a} - \dfrac{1}{b}\right),\ R_2 = \dfrac{\rho_2}{2\pi}\left(\dfrac{1}{a} - \dfrac{1}{b}\right)$

두 저항이 병렬연결 되어있으므로

$\therefore R = \left(\dfrac{1}{R_1} + \dfrac{1}{R_2}\right)^{-1} = \dfrac{\rho_1\rho_2}{\rho_1 + \rho_2}\dfrac{1}{2\pi}\left(\dfrac{1}{a} - \dfrac{1}{b}\right)$

2) $I_1 = \dfrac{V_{ab}}{R_1},\ \ I_2 = \dfrac{V_{ab}}{R_2}$

02

1) $\oint \vec{B} \cdot \vec{dl} = \mu_0 I$

2)

$$\begin{cases} r < r_1 : B = 0 \\ r_1 < r < r_2 : 2\pi r B(r) = \mu_0 \Rightarrow B(r) = \dfrac{\mu_0}{2\pi}\dfrac{1}{r} \\ r > r_1 : B = 0 \end{cases}$$

3)

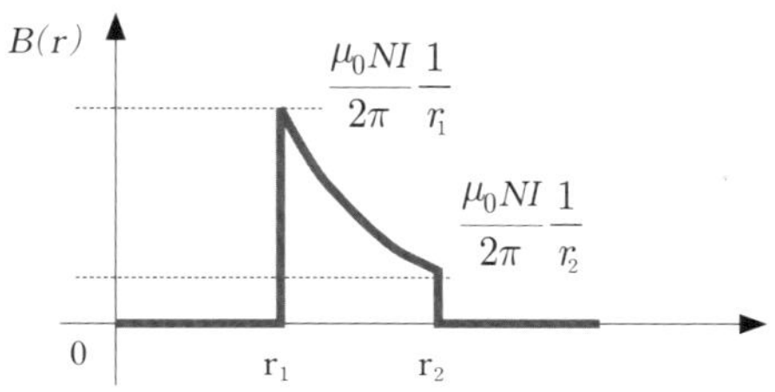

03

1) 아래 방향으로 0.5 A의 전류가 흐른다.

2) $-1\ \mu C$

04

1) 0

2) $ILB\hat{j}$

3) $ILB\hat{j}$

05

1) $\Phi = \int \vec{B} \cdot \vec{da} = \int_0^{3.0} 4t^2x^2 h dx$

$= t^2\left[h\dfrac{4}{3}x^3\right]_0^{3.0} = 72t^2$

$|\varepsilon| = \left|\dfrac{d\Phi}{dt}\right| = 144t = 14\ V$

2) 시계 반대 방향

01

1) 스위치가 닫힌 직후에는 인덕터가 있는 도선은 끊어진 것과 동치다.

$$I = \frac{V}{R} = 2\,A$$

2) 전류가 안정화 된 후에는, 인덕터는 없는 것과 동치다.

$$R_{eq} = 3\,\Omega$$

$$I = 6\,A$$

02

$$\frac{1}{2}CV^2 = \frac{1}{2}LI^2$$

$$I_{\max} = 0.57\,A$$

03

1)

$$Z = \sqrt{R^2 + (X_L - X_C)^2},\ X_L = Lw,\ X_C = \frac{1}{wC}$$

2)

$$I_{rms} = \frac{V_s}{Z} \Rightarrow V_s = I_{rms} Z$$

$$V_{out} = I_{rms}\sqrt{R^2 + X_L^2}$$

$$\frac{V_{out}}{V_s} = \frac{\sqrt{R^2 + w^2L^2}}{\sqrt{R^2 + \left(wL - \frac{1}{wC}\right)^2}}$$

3)

$$V_s = I_{rms} Z \simeq I_{rms} X_C = I_{rms} wC$$

$$V_{out} = I_{rms}\sqrt{R^2 + X_L^2} \simeq I_{rms} R$$

$$\frac{V_{out}}{V_s} = RwC$$

04

1) $\frac{\lambda}{2} = 2\,mm \Rightarrow \lambda = 4\,mm$

2) $2\,mm$

3) $c = \lambda\nu = 2.4 \times 10^8\,m/s$

05

1) $A\cos\theta_b = t$

$$d = A\cos(\theta_b + 90^\circ - \theta_a)$$

$$d = t\frac{\sin(\theta_a - \theta_b)}{\cos\theta_b}$$

2) $\frac{\sin\theta_a}{\sin\theta_b} = 1.73$

$$d = 1\,cm$$

06

1) 경로차 $= d\sin\theta + d\sin\phi$

2) 경로차 $\simeq d\dfrac{y}{L} + d\sin\phi = 0$:
가장 밝은 지점

경로차 $\simeq d\dfrac{y}{L} + d\sin\phi = 600\,nm$:
그 다음 밝은 지점

$y = -0.01, 0.04$

CHAPTER 06 2017년 | 1학기 중간 해설

01

가능한 한 짧은 시간내에 1.00km 여행을 완료하려면 차량은 최고속도(V_{max} =36.0km/h)까지 가속해야하고, 이 속도로 일정 시간동안 유지한 다음 정지하기위해 감속해야 한다.

가속하는 동안 걸린 시간
$t_1 = V_{max}/a_1 = (36.0km/h)(10^3 m/km)(1h/3600s)/4.00\ m/s^2 = 2.5s$

가속하는 동안 간 거리
$s_1 = 1/2\ a_1\ t_1^2 = 1/2(4.00)(2.5)^2$
$= 12.5m$

감속하는데 걸리는 시간
$t_2 = (V - V_{max})/a^2 = [0 - (36.0\ km/h)(103\ m/km)(1h/3600s)]/(-5.00\ m/s^2) = 2s$

감속하는 동안 간 거리
$s_2 = (V - V_{max}^2)/2a_2 = [0 - (36.0km/h)(103\ m/km)(1h/3600s)]/2(-5.00m/s^2) = 10m$

최고속도로 달려야 하는 거리 s_3
$s_3 = s - s_1 - s_2$ for t_3 $s_3 = v\ t_3$
$t_3 = s_3/V_{max}$
$= (1.00\times10^3 m - 12.5m - 10m)/[0 - (36.0km/h)(10^3 m/km)(1h/3600s)]$
$= 97.75$

02

질량 m_1이 l 만큼 이동하면 m_2는 l/2 만큼 떨어져야한다. 그래서 $a_1 = 2a_2$이고, $T = m_1 a_1$, $m_2 g - 2T = m_2 a_2$ 이다.

$$\therefore a_1 = \frac{2m_2}{4m_1 + m_2} g,\ \ a_2 = \frac{m_2}{4m_1 + m_2} g,$$

$$\text{and}\quad T = \frac{2m_1 m_2}{4m_1 + m_2} g$$

03

(a) $K_1 + U_1 = K_2 + U_2$.

꼭대기 부분에서 K_1=0,

U_1=mgR, 그리고 각도 α

일 때 $K_2 = \frac{1}{2}mv^2$ 이고

U_2=$mgRcos(\alpha)$이다.

따라서 $v = \sqrt{2gR(1-\cos\alpha)}$

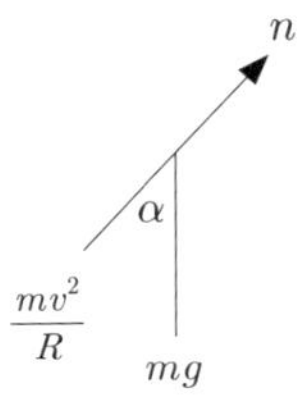

(b) $F_r = \frac{mv^2}{R} = mgcos\alpha - n$

$n = mgcos\alpha - \frac{mv^2}{R} = mgcos\alpha - \frac{m2gR(1-\cos\alpha)}{R}$
$= 3mgcos\alpha - 2mg$

$n = 3mgcos\alpha - 2mg$

(c) n=0이면 스키는 접선방향으로 날아가기 시작한다.

$n = 3mgcos\alpha - 2mg = 0$

$\cos\alpha = \frac{2}{3}$

04

블록 1:

$m_1gh = \frac{1}{2}m_1v_1^2 \quad \Rightarrow \quad v_1 = \sqrt{2gh}$

운동량 보존법칙에 의해

$m_1v_{1i} = m_1v_{1f} + m_2v_2$

(where $v_{1i} = \sqrt{2gh}$)

운동에너지 보존에 의해

$\frac{1}{2}m_1v_{1i}^2 = \frac{1}{2}m_1v_{1f}^2 + \frac{1}{2}m_2v_2^2$

$\Rightarrow \quad v_2 = \frac{2m_1}{m_1+m_2}v_{1i} = \frac{2m_1}{m_1+m_2}\sqrt{2gh}$

일-에너지 정리:

$W \quad (K_{2f} = 0)$

$W \quad \Rightarrow \quad d = \frac{v_2^2}{2\mu_k g} = \frac{4hm_1^2}{\mu_k(m_1+m_2)^2}$

05

(a)

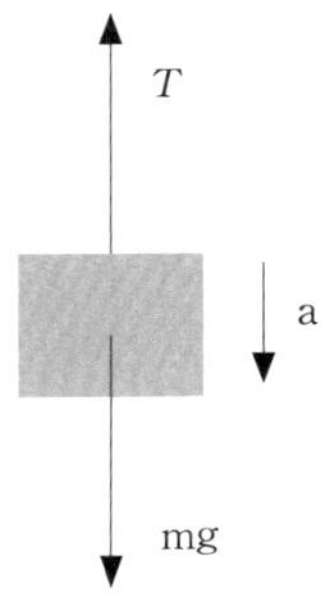

(b) 역학적 에너지 보존에 의해서,

$mgh = \frac{1}{2}mv^2 + \frac{1}{2}I\omega^2 = \frac{1}{2}mv^2 + \frac{1}{2}\left(\frac{1}{2}MR^2\right)\left(\frac{v}{R}\right)^2$

$= \frac{(2m+M)}{4}v^2$

$\therefore v = \sqrt{\frac{4mgh}{2m+M}} \quad , \quad \omega = \frac{v}{R} = \frac{1}{R}\sqrt{\frac{4mgh}{2m+M}}$

(c) 공식 $2a(x_2 - x_1) = v_2^2 - v_1^2$를 이용하면,

$x_2 - x_1 = h$ and $v_2^2 - v_1^2 = v^2 = \frac{4mgh}{2m+M}$.

$\therefore a = \frac{2mg}{2m+M} \quad , \quad \alpha = \frac{a}{R} = \frac{2mg}{R(2m+M)}$

자유물체도에 의하면, $T - mg = -ma$ (뉴턴 제2법칙)

$$\therefore T = mg - ma = \frac{(2m^2 + mM)g}{2m+M} - \frac{2m^2 g}{2m+M} = \frac{mMg}{2m+m}$$

CHAPTER 06 2017년 | 1학기 기말 해설

01

(a)

$m_2 g - T_2 = m_2 a$, $T_1 = m_1 a$, $R(T_2 - T_1) = I\frac{a}{R}$

가속도 a에 대해 정리하면,

$$a = \frac{m_2 g}{(1/2)M + m_1 + m_2} = 2m/s^2$$

(b)

T_1=(12kg)(2m/s^2)=24N

T_2=(5kg)(10-2)m/s^2=40N

02

(a)

철골과 연결된 줄이 이루는 각도를 θ라 할 때, 돌림힘 평형에 의해 다음 식이 성립한다.

$\sum\tau$=(2m)(150N)+(4m)(300N)-Tsinθ(4m)=0.

sinθ=3/5 이므로, T=625N

(b) 물체가 정지상태이므로, F_x, F_y, .

a번에서 구한 값을 대입하면, $f_x = 500N$, $f_y = 75N$

03

(a)

두 별 사이 거리가 2R이므로, $F = \frac{GM^2}{4R^2}$

(b)

두 별 모두 중력이 구심력 역할을 하므로,

$\frac{Mv^2}{R} = \frac{GM^2}{4R^2}$.

$v = \frac{1}{2}\sqrt{\frac{GM}{R}}$. $T = \frac{2\pi R}{v} = 4\pi\sqrt{\frac{R^3}{GM}}$.

(c)

필요한 에너지=나중의 역학적 에너지-처음의 역학적 에너지.

E=0-(2* $\frac{1}{2}Mv^2 - \frac{GM^2}{2R}$) = $\frac{GM^2}{4R}$

04

최초의 탄성 퍼텐셜 에너지가 평형점에선 병진운동에너지와 회전운동에너지로 바뀌므로,

$\frac{1}{2}kA^2 = \frac{1}{2}Mv^2 + \frac{1}{2}Iw^2$.

실린더의 반지름을 R이라 하면, $I=\frac{1}{2}MR^2$, $v=Rw$.

이 값을 운동에너지 식에 대입하면, 병진운동에너지와 회전운동에너지가 2:1 임을 알 수 있다.

(a) 병진운동에너지 $E_k=\frac{1}{3}kA^2$

(b) 회전운동에너지 $E_r=\frac{1}{6}kA^2$

(c) 계의 역학적 에너지의 총합은

$$E_M=\frac{1}{2}kx^2+\frac{1}{2}Mv^2+\frac{1}{2}Iw^2$$

$$=\frac{1}{2}kx^2+\frac{1}{2}Mv^2+\frac{1}{4}MR^2w^2$$

$$=\frac{1}{2}kx^2+\frac{3}{4}Mv^2$$

미끄러지지 않으므로 역학적 에너지는 보존된다.

$\frac{dE_M}{dt}=0=kxv+\frac{3}{2}Mva$ $(v=\frac{dx}{dt},\ a=\frac{dv}{dt})$

$a=-(\frac{2k}{3M})x$. 양변에 M을 곱해주면,

$Ma=-(\frac{2k}{3})x$으로 용수철 상수가 2k/3 인 단순조화진동자의 운동방정식이 된다.

$$T=2\pi\sqrt{\frac{3M}{2k}}$$

05

소리의 속력을 v , 경찰차의 속력을 v_s , 경찰차 사이렌의 주파수를 f_s , 반사된 소리의 주파수를 f_{L1}이라고 하자.

$f_{L1}=\frac{v}{v+v_s}f_s$. 경찰차가 벽에 다가가고 있는 상황이므로,

$$f_{L1}=\frac{340}{340-2}*338=340Hz.$$

이렇게 반사된 소리가 다시 움직이고 있는 운전자에게 도달하므로, 도달한 주파수를 f_{L2}라고 하면

$$f_{L2}=\frac{v+v_p}{v}f_{L1}=\frac{340+2}{340}*340=342Hz$$

맥놀이 주파수의 값은 f_{L2}와 f_{L1}의 차이이므로 4Hz이다.

CHAPTER 06 2017년 | 2학기 중간 해설

01

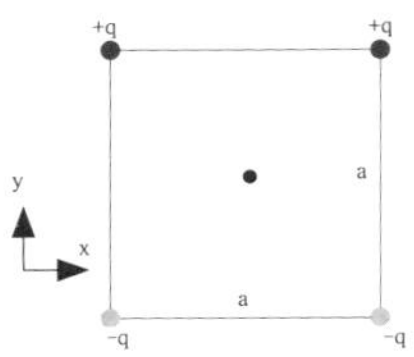

$$\vec{F}=\frac{1}{4\pi\epsilon_0}\frac{q}{a/\sqrt{2}}\frac{1}{\sqrt{2}}(-2\hat{x}-2\hat{y}+2\hat{x}-2\hat{y})$$

$$=\frac{1}{4\pi\epsilon_0}\frac{q}{a}(-4\hat{y})=-\frac{1}{\pi\epsilon_0}\frac{q}{a}\hat{y}$$

02

1) 가우스 면을 구형으로 잡는다.

$\rho(r) = \dfrac{K}{r}, \quad dV = 4\pi r^2 dr,$

$$Q = \int_a^r \rho(r')\, dV$$

$$Q_{encl} = \int_a^r \rho(r') dV = 4\pi K \int_a^r r' dr'$$

$$= 4\pi K \frac{1}{2}\left(r^2 - a^2\right)$$

$$By\ Gauss's\ Law, \quad E\left(4\pi r^2\right) = \frac{2\pi K(r^2 - a^2)}{\epsilon_0}$$

$$\therefore E = \frac{K}{2\epsilon_0}\left(1 - \frac{a^2}{r^2}\right)$$

2) 점전하에 의한 전기장 : $E_q = \dfrac{q}{4\pi\epsilon_0 r^2}$

E 이 일정하기 위해서는 공간에 대한 의존성이 없으면 된다.

$$-\frac{K}{2\varepsilon_0}\frac{a^2}{r^2} + \frac{q}{4\pi\varepsilon_0 r^2} = 0$$

$$\therefore q = 2\pi K a^2, \quad E = \frac{K}{2\varepsilon_0}$$

03

1) $dV = \dfrac{1}{4\pi\varepsilon_0}\dfrac{\lambda dx}{d+x}, \quad \lambda = \dfrac{Q}{L}$

$$V = \frac{\lambda}{4\pi\varepsilon_0}\int_0^L \frac{dx}{d+x} = \frac{Q/L}{4\pi\varepsilon_0}\left[\ln(d+x)\right]_0^L$$

$$\therefore V = \frac{Q/L}{4\pi\epsilon_0}\ln\left(1 + \frac{L}{d}\right)$$

2) $\vec{E} = -\nabla V$

$$E_x = -\frac{d}{dx}V = -\frac{Q}{4\pi\epsilon_0 d(d+L)}$$

04

1) $V = \dfrac{\lambda}{2\pi\epsilon_0}\ln(2R/R) = \dfrac{\lambda}{2\pi\epsilon_0}\ln(2)$

$$C = \frac{Q}{V} = \frac{L\, 2\pi\epsilon_0}{\ln 2}$$

2) $U = \dfrac{Q^2}{2C} = \dfrac{\ln 2}{4\pi\epsilon_0}\lambda^2 L$

05

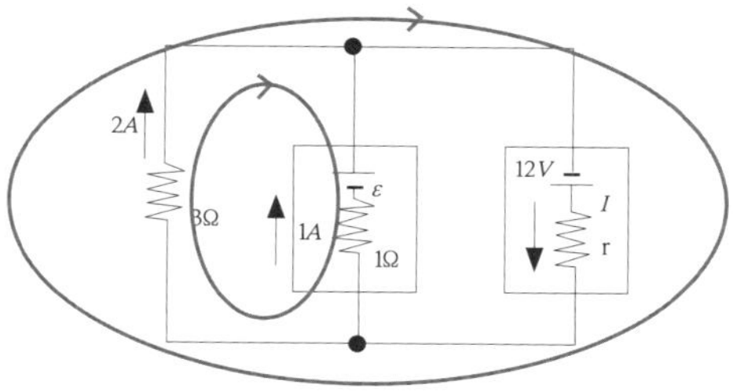

1) a 혹은 b 점에 junction rule을 적용하면 $2A + 1A - I = 0$에서 $I = 3A$이고 전류의 방향은 그림에 표시한 바와 같다.

2) 안쪽 loop에 대하여 loop rule을 적용하면 $-6V - \varepsilon + 1V = 0$에서 $\varepsilon = -5V$이다.

3) 바깥쪽 loop에 대하여 loop rule을 적용하면 $-6V + 12V - Ir = 6V - 3Ar = 0$에서 $r = 2\Omega$를 얻는다.

답 : $r = 2\Omega$, $\varepsilon = -5V$, $I = 3A$, 방향 아래 쪽으로.

CHAPTER 06

2017년 | 2학기 기말 해설

01

1)

$B = \frac{mv}{qr} = \frac{(9.0\times10^{-31}Kg)(1.4\times10^{6}m/s)}{(1.6\times10^{-19}C)(0.05m)}$

$= 1.6\times10^{-4}T$

$\vec{F}_B = q\vec{v}_0 \times \vec{B}$ 에서 q가 음수이므로

2) $t = \frac{\pi R}{v_0} = \frac{\pi(0.05m)}{1.4\times10^{6}m/s} = 1.1\times10^{-7}s$

02

1)

$\Phi_B = \int \vec{B} \quad d\vec{A}$

$= (\hat{j}B_o \sin\omega t) \quad (\hat{n}\,lw)$

$= (\hat{j}\cdot\hat{n})B_o(lw)\sin\omega t$

$= B_o(lw)\sin\omega t\cos\phi$

$= B_o(lw)\sin\omega t\cos 0^o$

$= B_0(lw)\sin\omega t$

2)

$\Phi_B = \int \vec{B}\cdot d\vec{A}$

$= (\hat{j}B_o \sin\omega t)\cdot(\hat{n}\,lw)$

$= (\hat{j}\cdot\hat{n})B_o(lw)\sin\omega t$

$= B_o(lw)\sin\omega t\cos\phi$

$= B_o(lw)\sin\omega t\cos(\omega t)$

$= \frac{1}{2}B_o(lw)\sin 2\omega t$

$\therefore \text{E} = -\frac{d\Phi_B}{dt} = -B_o(lw)\omega\cos 2\omega t$

03

1) 위상이 $kx+\omega t$ 이므로 $-x$ 방향

$k = 1\times10^{4}rad/m$, $\omega = ck$, $f = \frac{\omega}{2\pi} = \frac{ck}{2\pi}$

$= \frac{(3\times10^{8}m/s)(1\times10^{4}rad/m)}{2\pi} = 5\times10^{11}/s$

2) 자기장이 $-\hat{j}$ 방향이고 파동이 $-x$ 방향으로 진행하므로 $\vec{E}\times\vec{B}$도 $-x$ 방향이므로

전기장은 $-z$ 방향이다. $E_{\max} = cB_{\max}$ 이므로

$E_{\max} = cB_{\max} = (3\times10^{8}m/s)\times(8\times10^{-9}T)$

$= 2.4\,V/m$이다. 따라서

$\vec{E}(x,t) = -(2.4\,V/m)\hat{z}\cos[(1\times10^{4}rad/m)x + (3\times10^{12})t]$

3) $\vec{S}(x,t) = \frac{1}{\mu_0}\vec{E}(x,t)\times\vec{B}(x,t)$

$$S = |\vec{S}(x,t)| = \frac{19.2\times10^{-9}T\cdot V/m}{\mu_0}\frac{1}{2}$$

$[1+2\cos2\{(1\times10^4 rad/m)x+(3\times10^{12})t$

$$I = \langle S\rangle = \frac{19.2\times10^{-9}T\cdot V/m}{2\mu_0}$$

$$= \frac{19.2T\cdot V/m}{2\times1.2\times10^{-6}T\cdot m/A} = 8\times10^{-3}W/m^2$$

04

1)

$$I = \frac{V_0}{\sqrt{R^2+\left(\omega L-\frac{1}{\omega C}\right)^2}},$$

$$V_{ab} = \frac{V_0 R}{\sqrt{R^2+\left(\omega L-\frac{1}{\omega C}\right)^2}},$$

$$V_{bc} = \frac{\omega V_0 L}{\sqrt{R^2+\left(\omega L-\frac{1}{\omega C}\right)^2}}$$

$$V_{cd} = \frac{V_0}{\omega C\sqrt{R^2+\left(\omega L-\frac{1}{\omega C}\right)^2}}$$

2)

$$P = I^2R = \frac{V_0^2R}{R^2+\left(\omega L-\frac{1}{\omega C}\right)^2}\cos^2(\omega t+\phi)$$

시간에 대해 평균하면

이고, 분모가 최소가 될 때 전체는 최대이므로,

$$P_{average} = \frac{1}{2}\frac{V_0^2R}{R^2+\left(\omega L-\frac{1}{\omega C}\right)^2}$$

$\omega L = \frac{1}{\omega C}$ 이면 된다.

$$P = \frac{1}{2}\frac{V_0^2}{R}$$

3) $V_{bc} = V_{cd} = \sqrt{\frac{L}{C}}\frac{V_0}{R}$

위상 차는 π이다.

05

1) 비편광-빛이 1차-filter 통과 후 강도 :

$$I = \frac{1}{2}I_0.$$

2차-filter 통과 후 강도 :

$$I = \left(\frac{1}{2}I_0\right)\cos^2 60^\circ = \frac{1}{8}I_0$$

2) 공기-비누막 경계면에서 반사: 위상차 (phase shift) $\frac{\lambda}{2}$, π

비누막-공기 경계면에서 반사: 위상차(phase shift) 0

두 반사광의 path difference (경로차): $\Delta = 2t$

보강간섭 조건 : $2t = \left(m+\frac{1}{2}\right)\frac{\lambda}{n}$ $(m = 0,1,2,.....)$,

t : 막의 두께, n: 굴절률 (박막)

두 번째로 작은 것 t => $m = 1$:

$$L = \frac{3}{4}\frac{\lambda}{n} = \frac{3}{4}\frac{(600\text{nm})}{1\ 20} = \frac{3}{8}\times10^3\text{nm}$$

또는 $\frac{3}{8}\times10^{-6}m = 3.75\times10^{-7}\text{m}$

01

로켓은 엔진이 꺼질 때 속도가 $v_o = 1.0\times10^2$ m/s 이며 이후에도 $g = -10.0$ m/s^2 중력 가속도를 가지고 동력없이 최대높이 까지 올라 가며 이때 v = 0 된다.

엔진이 꺼진후 동력없이 올라간 거리 Sc(coast)는 $S_c = v_o^2 / 2g = (1.0\times10^2 \text{ m/s})^2 / 2(-10.0\text{m/s}^2)^2$ = 500 m 이다.

최대 높이 1500 m 에서 동력없이 올라간 500 m 를 빼면 1000 m 이며 이는 지상으로부터 엔진이 작동하며 올라간 높이 Sf(fired) 즉 엔진 꺼진 높이 이다.

이 높이까지 올라갈 때 평균속도는 $v_o/2$ 임으로 동력으로 올라간 거리 Sf와 시간의 관계로부터 엔진이 작동한 시간 t를 구할 수 있다.

$t = S_f / (v_o/2) = 2S_f/v_o = 2\,(1000 \text{ m}) / (1.0\times10^2 \text{m/s}) = 20$ sec

⟹ 20 sec, 1000 m

02

(a) 자유물체도(free-body diagram)을 이용하면,

B의 경우 $m_B\ a_B = m_B g - T$,

A의 경우 $m_A\ a_A = T - f_s$,

C의 경우 $m_C\ a_C = f_s$ 이다.

여기서 $a_A = a_B$ 이고 정지마찰력은

$f_s \le \mu_s m_C g$

이므로, 미끄러짐이 없을 때

$a_A = a_B = a_C \quad \therefore\ (m_A + m_B + m_C)a = m_B g$

$$f_s = m_C a = \frac{m_C g}{3 + m_C} \le \mu_s m_C g$$

$$\therefore\ m_C + 3 \ge \frac{1}{\mu_s} = 5 \qquad m_{C_{\min}} = 2kg$$

(b) $m_C < 2kg$ 이므로, f_s 는 $f_k = \mu_k m_C g$로 대체된다.

$$(m_A + m_B)a_A = m_B g - \mu_k m_C g$$

$$\therefore\ a_A = \frac{m_B - \mu_k m_C}{m_A + m_B} g = \frac{0.81}{3} \times 10 = 2.7m/s^2$$

$$m_C a_C = \mu_k m_C g$$

$$\therefore\ a_C = \mu_k g = 0.19 \times 10 = 1.9m/s^2$$

03

$K_1 + U_1 + W_{other} = K_2 + U_2$를 이용.

경사면을 따라 바닥에서 로켓 시작점까지의 거리를 d라고 한다면,

$K_1 + U_1 = 0 + mgd\sin53 = (1500)(10)(0.8)d = 1500(8)d$

$W_{other} = (F_{th} - F_{fri})d = (2000 - 500)d = 1500d$

$K_1 + U_1 + W_{other} = 1500(9)d \quad (1)$

$$K_2 + U_2 = \frac{1}{2}mv^2 + 0 = \frac{1}{2}(1500)(60)^2 \quad (2)$$

(1)=(2)로부터 d를 구한다.

$d = 200$m.

04

총알이 나무토막과 충돌 전 후 수평 방향의 운동량이 보존된다. 충돌 직후 나무와 총알의 속력을 V라 하면 다음 식이 성립한다.

(a) $m_B v = (m_B + m_W) V$

충돌 직후 총알과 나무토막은 역학적 에너지를 가지고 높이 h를 올라가고 이 과정에서 중력만이 일을 하므로 역학적 에너지가 보존된다. 총알과 나무토막이 h 올라간 후 정지하므로 다음 식이 성립한다.

(b)

$$\frac{1}{2}(m_B + m_W) V^2 + 0 = 0 + (m_B + m_W)gh$$

식 (1)에서 $V = \dfrac{m_B v}{(m_B + m_W)}$를 식 (2)에 대입하여 정리하면 다음 결과를 얻는다.

$$\therefore \quad \frac{(m_B + m_W)}{m_B}\sqrt{2gh}$$

05

(a) 물체의 선속도는 모두 같아야한다.

$(2R)\omega' = R\omega \quad \therefore \dfrac{\omega'}{\omega} = \dfrac{1}{2}$

(b) 역학적 에너지 보존에 의해서 다음과 같은 식이 성립한다.

$E_i = 0$

$$E_f = \frac{1}{2}I\omega^2 + \frac{1}{2}I'\omega'^2 + \frac{1}{2}mv^2 - mg(2\pi R)$$

$$= \frac{1}{2}\left(\frac{1}{2}MR^2\right)\omega^2 + \frac{1}{2}\left(\frac{1}{2}(4M)(2R)^2\right)\left(\frac{\omega}{2}\right)^2$$

$$+ \frac{1}{2}mv^2 - mg(2\pi R) = 0$$

$$\therefore \left(\frac{5}{4}M + \frac{1}{2}m\right)v^2 = 2\pi mgR$$

$$\therefore \quad v = \sqrt{\frac{8\pi mgR}{5M + 2m}}$$

CHAPTER 07 2018년 | 1학기 기말 해설

01

(a) $\tau = -mgd\sin\theta = -\dfrac{2}{3}mgR\sin\theta$

(b) $\tau = I\alpha$ 이고, $\dfrac{d^2\theta}{dt^2} = \alpha$ 이므로

$$\tau = -\frac{2}{3}mgR\sin\theta = I\frac{d^2\theta}{dt^2}$$

작은 진폭에서는 $\sin\theta \approx \theta$로 근사할 수 있으므로

$$-\frac{2}{3}mgR\theta = I\frac{d^2\theta}{dt^2}$$

$$\frac{d^2\theta}{dt^2} = -\left(\frac{2mgR}{3I}\right)\theta = -\omega^2\theta$$

물리진자의 관성모멘트는 평행축정리를 사용하여

$$I = \frac{1}{2}mR^2 + md^2 = \frac{1}{2}mR^2 + \frac{4}{9}mR^2$$

$$= \frac{17}{18}mR^2$$

따라서, 각진동수는

$$\omega = \sqrt{\frac{2mgR}{3I}} = \sqrt{\frac{2mgR}{\frac{17}{6}mR^2}}$$

$$= \sqrt{\frac{12g}{17R}}\ [\mathrm{rad/s}]$$

(c) 주기는 $T = \frac{2\pi}{\omega}$ 이므로

$$T = \frac{2\pi}{\omega} = 2\pi\sqrt{\frac{17R}{12g}}$$

02

횡파 $y(x,t) = A\cos(kx - \omega t)$ 에 대해

$A = 4.0\mathrm{cm}$, $k = 0.30\ \mathrm{rad/cm}$, $\omega = 0.50\pi\ \mathrm{rad/s}$

(a) 주기

$$T = \frac{2\pi}{\omega} = \frac{2\pi\ \mathrm{rad}}{0.50\pi\ \mathrm{rad/s}} = 4.0\,\mathrm{s}$$

수평방향 이동거리 = 파장의 길이.

$$\lambda = \frac{2\pi}{k} = \frac{2\pi\ \mathrm{rad}}{0.30\ \mathrm{rad/cm}} = 20\ \mathrm{cm} = 0.20\,\mathrm{m}$$

(b)

파수 $k = 0.30\ \mathrm{rad/cm} = 30\ \mathrm{rad/m}$

진동수 $f = \frac{1}{T} = \frac{1}{4.0\,\mathrm{s}} = 0.25\,\mathrm{Hz}$

(c) 파동의 속력

$v = f\lambda = (0.25\,\mathrm{Hz})(0.20\,\mathrm{m}) = 0.050\,\mathrm{m/s}$

부표의 최대속력

$$v_{\max} = \omega A = (0.50\pi\,\mathrm{rad/s})(0.04\,\mathrm{m})$$
$$= 0.020\pi\,\mathrm{m/s} = 0.060\,\mathrm{m/s}$$

(d) 수직방향 변위

$y(1/0.30\,\mathrm{cm},\ 2.0/\pi\,\mathrm{s}) = (4.0\,\mathrm{cm})\cos 0 = 0.04\,\mathrm{m}$

03

(a)

만유인력은 거리의 제곱에 반비례한다. 궤도 반경이 4배가 되면 만유인력은 1/16배가 된다.

만유인력 법칙에 따라

$F_g = \frac{GMm}{(4R)^2} = \frac{GMm}{16R^2}$ 이다.

(b)

케플러의 법칙에 의하여 주기는 반지름의 3/2승에 비례하므로 8배가 된다.

$T = \frac{2\pi R^{3/2}}{\sqrt{GM}}$ (또는 $T \propto r^{3/2}$)

따라서 $T_{new} = \frac{2\pi(4R)^{3/2}}{\sqrt{GM}} = 8T$ 이다.

(c)
만유인력이 구심가속도를 제공하므로

$\frac{GMm}{r^2} = m\frac{v^2}{r}$ 이다. (또는 $v = \sqrt{\frac{GM}{r}}$)

따라서

$\Delta K = \frac{1}{2}m(v_f^2 - v_i^2) = \frac{GMm}{2}(\frac{1}{4R} - \frac{1}{R})$

$= -\frac{3GMm}{8R}$ 이다.

(d)
역학적 에너지의 차이가 엔진이 하는 일이다.

$$\Delta K + \Delta U = W_{engine}$$ (또는 $$K_i + U_i + W_{engine} = K_f + U_f$$)

여기서 만유인력에 의한 위치에너지는

$U(r) = -\frac{GMm}{r}$ 이고

$\Delta U = -\frac{GMm}{4R} - (-\frac{GMm}{R}) = \frac{3GMm}{4R}$

이다.
따라서

$W_{engine} = -\frac{3GMm}{8R} + \frac{3GMm}{4R} = \frac{3GMm}{8R}$

이다.

04

(a) 경첩에 외부 돌림힘이 작용하지 않았으므로, 경첩을 중심으로 한 각운동량은 보존된다.

(b) 충돌 전에는,

$L_1 = m_B v\frac{L}{2} = 1kg \times 10m/s \times 1m$

$= 10\,kg \cdot m^2/s$

$I_{rod} = I_{CM} + m_{rod}(L/2)^2$

$= m_{rod}(1/12)L^2 + m_{rod}(L/2)^2$

$= (1/3)m_{rod}L^2$

충돌 후에는,

$L_2 = [I_{rod} + m_B(\frac{L}{2})^2]\omega$

$= [\frac{1}{3}m_{rod}L^2 + m_B(\frac{L}{2})^2]\omega$

$= [\frac{1}{3} \times 3kg \times (2m)^2 + 1kg \times (1m)^2]\omega$

$= (5\,kg \cdot m^2)\omega$

$L_1 = L_2$

$10\,kg \cdot m^2/s = (5\,kg \cdot m^2)\omega$

$\omega = \frac{10kg \cdot m^2/s}{5\,kg \cdot m^2} = 2\,rad/s$

(c) 충돌 직후의 E_2 와 봉이 바닥에 닿을 때 에너지 E_3는 서로 같기에,

$E_2 = K_2 + U_2 = K_3 + U_3 = E_3$ 이다.

$(U = U_{rod} + U_{Bullet},\ U_{rod} = m_{rod}gy_{CM}$

$U_{Bullet} = m_B gy)$

$\frac{1}{2}I\omega_2^2 + (m_B + m_{rod})g\frac{L}{2} = \frac{1}{2}I\omega_3^2$

$\omega_3^2 = \frac{I\omega_2^2 + (m_B + m_{rod})gL}{I}$

$= \frac{5\,kg \cdot m^2(2rad/s)^2 + 40\,kg \cdot m^2/s^2}{5\,kg \cdot m^2}$

$\omega_3^2 = 12\,rad^2/s^2$

$\omega_3 = \sqrt{12}\,rad/s \approx 3.4\,rad/s$

01

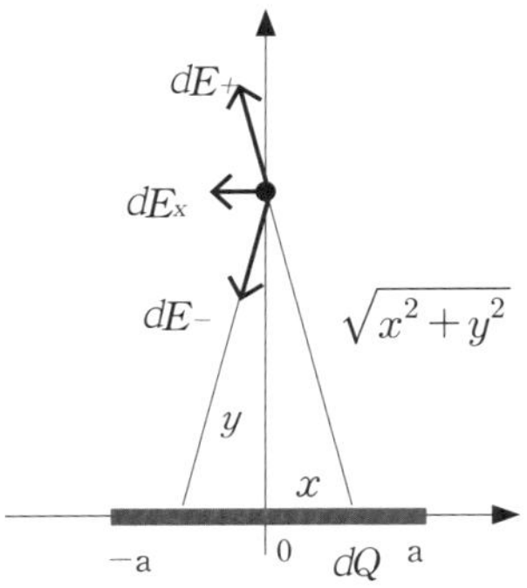

1) 대칭성에 의하여 힘의 y성분은 상쇄되고, x성분만 존재하며 그 방향은 $-x$ 방향이다.

$$dE_+ = dE_- = dE = \frac{1}{4\pi\epsilon_0}\frac{dQ}{x^2+y^2}$$
$$= \frac{1}{4\pi\epsilon_0}\frac{(Q/a)dx}{x^2+y^2}$$
$$dE_x = 2dE = 2dE\frac{x}{\sqrt{x^2+y^2}}$$
$$= 2\frac{Q}{4\pi\epsilon_0 a}\frac{x}{(x^2+y^2)^{3/2}}dx$$
$$E_x = \int dE_x = \int_0^a \frac{Q}{2\pi\epsilon_0 a}\frac{x}{(x^2+y^2)^{3/2}}dx$$
$$= \frac{Q}{2\pi\epsilon_0 a}\left(\frac{1}{y} - \frac{1}{\sqrt{a^2+y^2}}\right)$$

힘의 크기는 $F = qE$이고 방향은 $-x$ 방향이므로

$$\vec{F} = qE_x(-\hat{i}) = -\frac{qQ}{2\pi\epsilon_0 a}\left(\frac{1}{y} - \frac{1}{\sqrt{a^2+y^2}}\right)\hat{i}$$

2) $y \gg a \rightarrow \dfrac{a}{y} \ll 1$

$$\frac{1}{\sqrt{a^2+y^2}} = \frac{1}{y\sqrt{1+\left(\frac{a}{y}\right)^2}}$$
$$\approx \frac{1}{y}\left[1 - \frac{1}{2}\left(\frac{a}{y}\right)^2\right]$$
$$\vec{F} = -\frac{qQ}{2\pi\epsilon_0 a}\left(\frac{1}{y} - \frac{1}{\sqrt{a^2+y^2}}\right)\hat{i}$$
$$\approx -\frac{qQ}{2\pi\epsilon_0 a}\left\{\frac{1}{y} - \frac{1}{y}\left[1 - \frac{1}{2}\left(\frac{a}{y}\right)^2\right]\right\}\hat{i}$$
$$= -\frac{qQ}{2\pi\epsilon_0 a}\left\{\frac{a^2}{2y^3}\right\}\hat{i} = -\frac{qQa}{4\pi\epsilon_0 y^3}\hat{i}$$

02

1) $\oint \vec{E}\cdot d\vec{A} = \dfrac{Q_{encl}}{\epsilon_0}$

2) 시트 주위에 실린더형의 가우스 면을 잡고 가우스 법칙을 적용하면,

$$\oint \vec{E}\cdot d\vec{A} = \frac{Q_{enc}}{\epsilon_0},$$
$$2EA = \frac{Q_{encl}}{\epsilon_0} = \frac{\sigma A}{\epsilon_0} \text{ and } E = \frac{\sigma}{2\epsilon_0}.$$

전하밀도가 양수 이므로, 전기장의 방향은 시트로부터 멀어지는 방향이다.

3) 시트 주변에서의 전기장은 $\dfrac{\sigma}{2\epsilon_0}$ 임을 2)에서

구했다.
전하밀도가 음의 값이라면 전기장은 시트로 들어오는 방향이다.

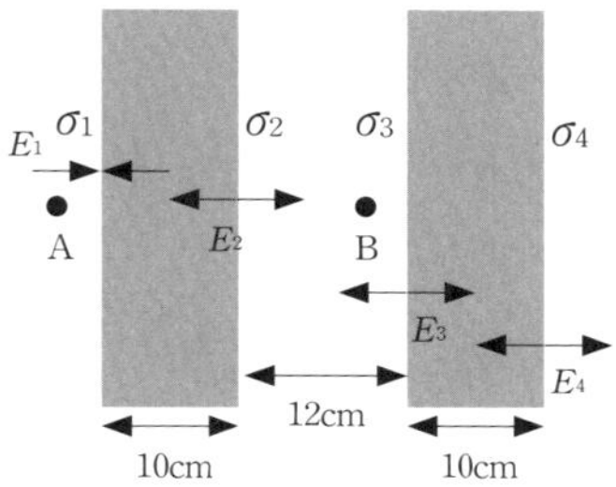

점 A에서의 전기장의 크기는 다음과 같고, 방향은 왼쪽이다.

$$E=\frac{-|\sigma_1|+|\sigma_2|+|\sigma_3|+|\sigma_4|}{2\epsilon_0}$$

$$=\frac{-6.00\mu C/m^2+5.00\mu C/m^2+2.00\mu C/m^2+4.00\mu C/m^2}{2\times 10^{-11}C^2/N\cdot m^2}$$

$$=2.5\times 10^5 N/C$$

점 B에서의 전기장의 크기는 다음과 같고, 방향은 왼쪽이다

$$E=\frac{|\sigma_1|-|\sigma_2|+|\sigma_3|+|\sigma_4|}{2\epsilon}$$

$$=\frac{6.00\mu C/m^2-5.00\mu C/m^2+2.00\mu C/m^2+4.00\mu C/m^2}{2\times 10^{-11}C^2/N\cdot m^2}$$

$$=3.5\times 10^5 N/C$$

03

1) 도체 내부에는 전기장이 없어야 하므로 안쪽 면에 알짜전하는 $q_{\in\neq r}=-Q$ 이고 따라서, 바깥 쪽 면에는 $q_{outer}=+3Q$ 이다.

2) (i) $r>c$: $V=V_Q+V_{q_{\in\neq r}}+V_{q_{outer}}$

$$=\frac{1}{4\pi\epsilon_0}\left(\frac{Q}{r}-\frac{Q}{r}+\frac{3Q}{r}\right)=\frac{1}{4\pi\epsilon_0}\frac{3Q}{r}$$

(ii) $b<r<c$: $V=V_Q+V_{q_{\in\neq r}}+V_{q_{outer}}$

$$=\frac{1}{4\pi\epsilon_0}\left(\frac{Q}{r}-\frac{Q}{r}+\frac{3Q}{c}\right)=\frac{1}{4\pi\epsilon_0}\frac{3Q}{c}$$

(iii) $a<r<b$: $V=V_Q+V_{q_{\in\neq r}}+V_{q_{outer}}$

$$=\frac{1}{4\pi\epsilon_0}\left(\frac{Q}{r}-\frac{Q}{b}+\frac{3Q}{c}\right)$$

(iv) $r=a$: $V=V_Q+V_{q_{\in\neq r}}+V_{q_{outer}}$

$$=\frac{1}{4\pi\epsilon_0}\left(\frac{Q}{a}-\frac{Q}{b}+\frac{3Q}{c}\right)$$

3) $r<a$:

$$E=-\frac{\partial V}{\partial r}=-\frac{\partial}{\partial r}\left(\frac{Q}{8\pi\epsilon_0 a^3}r^2\right)=\frac{Q}{4\pi\epsilon_0 a^3}r$$

04

1) $C_0=4\pi\epsilon_0\left(\frac{1}{R}-\frac{1}{3R}\right)^{-1}=6\pi\epsilon_0 R$

2) 두 개의 축전기가 직렬로 연결된 것으로 볼 수 있다.

$$C_1=4\pi K\epsilon_0\left(\frac{1}{R}-\frac{1}{2R}\right)^{-1}=8\pi K\epsilon_0 R,\ C_2$$

$$=4\pi\epsilon_0\left(\frac{1}{2R}-\frac{1}{3R}\right)^{-1}=24\pi\epsilon_0 R$$

$$C_{eq}=\left(\frac{1}{C_1}+\frac{1}{C_2}\right)^{-1}=24\pi\epsilon_0 R\left(\frac{K}{K+3}\right)$$

01

1) 전류는 아래 그림과 같이 흐르게 되므로,

$I = \dfrac{12.0\,\mathrm{V}}{(2.00+1.00)\Omega} = 4.00\,\mathrm{A}$ 가 된다.

따라서 $V_a + 3.00 - (4.00 \times 2.00) = V_b$이므로

$V_a - V_b = 5.00\,V$

2) 아래 그림과 같이 전류를 정하고 키르히호프 법칙을 적용하면 $I_1 = I_2 + I_3$

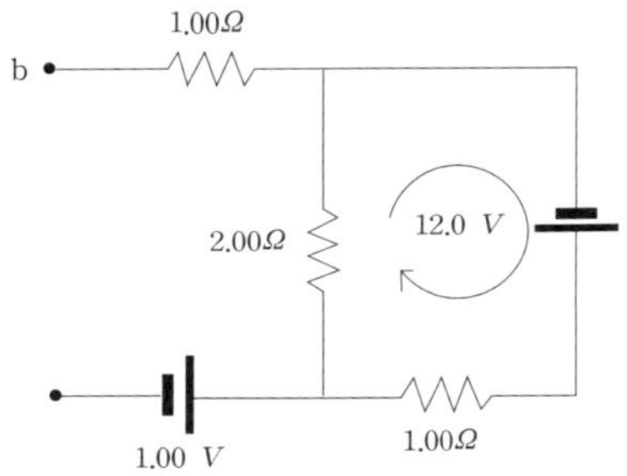

$12.0 - 1.00I_1 - 2.00I_2 = 0$

$12.0 - 1.00I_1 - 3.00 - 1.00I_3 = 0$

위의 식을 연립하면, $I_1 = 6.00\mathrm{A}$, $I_2 = 3.00\mathrm{A}$, $I_3 = 3.00\mathrm{A}$

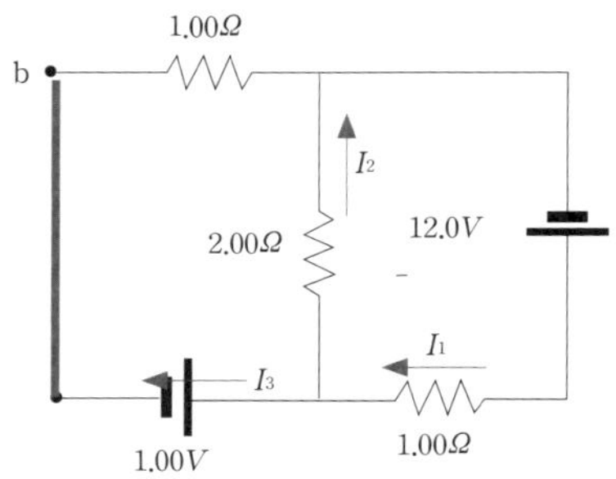

이에 따라 각 소자의 전력 사용은 다음과 같다.

12.0V의 배터리가

72.0W(=6.00A×12.0V), 회로에 공급

왼쪽 저항 1.00 Ω가

9.00W(=$(3.00\mathrm{A})^2$×1.00Ω), 소모

가운데 저항 2.00 Ω가

18.0W(=$(3.00\mathrm{A})^2$×2.00Ω), 소모

오른쪽 저항 1.00 Ω가

36.0W(=$(6.00\mathrm{A})^2$×1.00Ω), 소모

3.00 V의 배터리에

9.00W(=3.00A×3.00V), 저장

→ 72.0W공급=63.0W소모+9.00W저장

(에너지 보존)

02

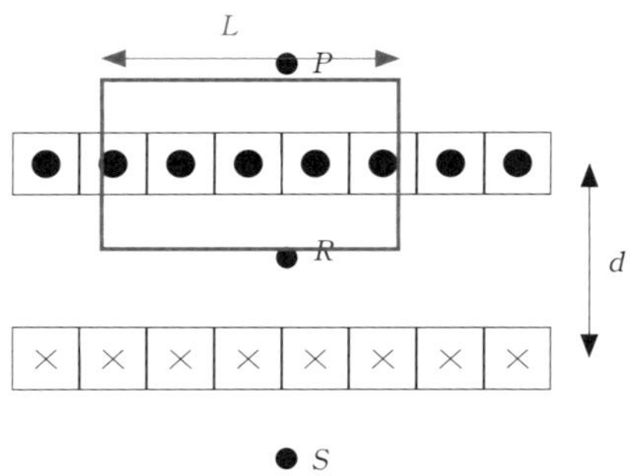

위쪽 시트에 앙페르의 법칙을 적용하면 다음과 같다.

$$\oint \vec{B} \cdot d\vec{l} = \mu_0 I_{enc} = 2B_1 L = \mu_0 InL$$

$$\therefore B_1 = \frac{1}{2}\mu_0 nI$$

아래쪽 시트에 앙페르의 법칙을 적용하면 다음과 같다.

$$\oint \vec{B} \cdot d\vec{l} = \mu_0 I_{enc} = 2B_2 L = -\mu_0 InL$$

$$\therefore B_2 = -\frac{1}{2}\mu_0 nI$$

1) 점 P : 서로 크기가 같고 방향이 반대이므로 B=0

2) 점 R : d, 크기가 같고 방향이 같으므로 B=$\mu_0 nI$, 방향은 오른쪽이다.

3) 점 S : 서로 크기가 같고 방향이 반대이므로 B=0

03

1) $E_{max} = 3.0 \times 10^6\ V/m$ ==> $B_{max} = \dfrac{E_{max}}{c}$

$$\Rightarrow B_{max} = \frac{3.0\times 10^6\ V/m}{3.0\times 10^8\ m/s} = 1.0\times 10^{-2}\ T$$

$$k = \frac{2\pi}{\lambda} = 1.0\times 10^6\ rad/m$$

$$\Rightarrow \omega = ck = 3.0\times 10^{14}\ rad/s$$

초기조건을 만족하는 EM wave의 vector eqs;

$$\vec{E}(x,t) = E_{max}\hat{k}\cos(kx+\omega t)$$
$$= (3.0\times 10^6\ V/m)\hat{k}\cos[(1.0\times 10^6\ rad/m)x + (3.0\times 10^{14}\ rad/s)t]$$
$$\vec{B}(x,t) = B_{max}\hat{j}\cos(kx+\omega t)$$
$$= (1.0\times 10^{-2}\ T)\hat{j}\cos[(1.0\times 10^6\ rad/m)x + (3.0\times 10^{14}\ rad/s)t]$$

2) $$\vec{S} = \frac{\vec{E}\times\vec{B}}{\mu_0}$$

$$= (-\hat{i})\frac{E_{max}B_{max}}{\mu_0}\cos^2(kx+\omega t)$$

$$I = \overline{S}$$
$$= \frac{E_{max}B_{max}}{2\mu_0} \quad ; \quad (\overline{\cos^2} = \frac{1}{2})$$

(수치 대입후 최종 단위=W/m^2)

04

1)

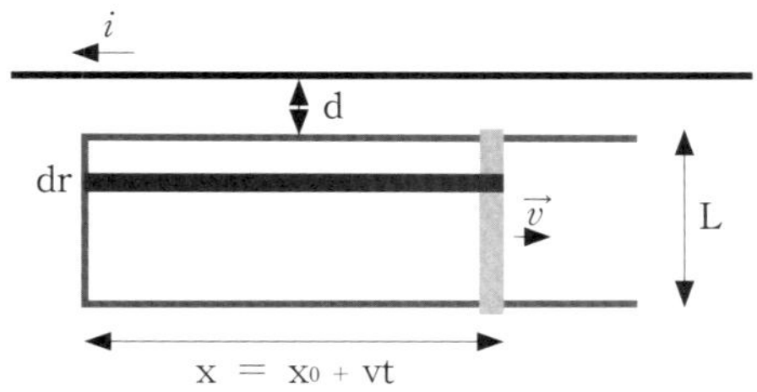

전류가 흐르는 도선에 의한 자기장을 암페어 법칙으로 구한다. $\oint \vec{B} \cdot d\vec{l} = \mu_0 I_{encl}$에서 $2\pi rB = \mu_0 I_{encl}$, $B = \dfrac{\mu_0 i}{2\pi r}$ 이다. 루프 면적 벡터의 방향을 자기장 방향과 같이 잡으면

시계 반대 방향이 양의 유도 전압 방향이다.

패러데이법칙에 $\epsilon = -\dfrac{d}{dt}\int \vec{B} \cdot d\vec{A}$

$$= -\frac{d}{dt}\int BdA$$

$$=-\frac{d}{dt}\int\frac{\mu_0 I}{2\pi r}(x_0+vt)dr$$

$$=-\frac{d}{dt}\frac{\mu_0 I}{2\pi}(x_0+vt)\int_d^{d+L}\frac{dr}{r}\quad=-\frac{\mu_0 I}{2\pi}v\ln\frac{d+L}{d}$$

시계 방향으로 기전력이 형성된다.

2)

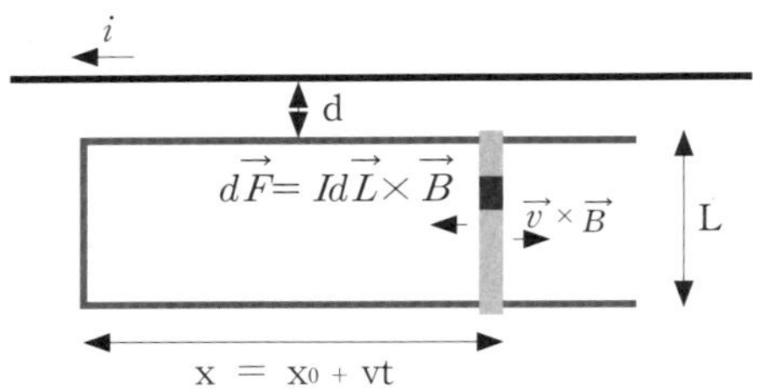

길이 $d\vec{L}$에 작용하는 자기력은 $d\vec{F}=Id\vec{L}\times\vec{B}$ 임으로 자기력 방향은 막대기 속도 반대 방향이다. 크기는 $dF=IdrB=\frac{\epsilon}{R}\frac{\mu_0 I}{2\pi r}dr$ 으로 따라서 $F=\int_d^{d+L}\frac{\epsilon}{R}\frac{\mu_0 I}{2\pi r}dr$

$$=\frac{\epsilon}{R}\frac{\mu_0 I}{2\pi}\int_d^{d+L}\frac{dr}{r}\quad=\frac{\epsilon}{R}\frac{\mu_0 I}{2\pi}\ln\frac{d+L}{d}$$

임으로 $F=\frac{v}{R}\left(\frac{\mu_0 I}{2\pi}\ln\frac{d+L}{d}\right)^2$이다.

05

1) 평균 일률은 $1.60\ W$이고 저항은 $40\ \Omega$

$$P_{av}=I_s^2 R$$

$$I_s^2=\frac{P_{av}}{R}=\frac{1.60\,W}{40\Omega}=0.04A^2$$

$$\therefore I_{rms}=0.2A$$

2) 회로의 임피던스

$$Z=\frac{V_{rms}}{I_{rms}}=\frac{10.0\,V}{0.2A}=50\Omega$$

$$X_C=\frac{1}{\omega C}=\frac{1}{1\times10^4\times0.4\times10^{-6}}=250\Omega$$

$$Z=\sqrt{R^2+(\omega L-\frac{1}{\omega C})^2}=50\Omega$$

$$(\omega L-\frac{1}{\omega C})^2=(30\Omega)^2$$

$$\omega L-\frac{1}{\omega C}=-30\Omega$$

(전압이 전류보다 위상이 늦으므로)

$$\omega L=-30\Omega+250\Omega=220\Omega$$

$$\therefore L=\frac{220\Omega}{1\times10^4 rad/s}=22.0mH$$

06

편광되지 아니한 빛이 편광 필터를 통과하면 세기intensity는 $\frac{1}{2}$배가 되고,

편광된 빛이 다른 편광 필터를 통과하면 세기는 $\cos^2\theta$ 배가 된다.

1) $I_A=\frac{1}{2}I_0$

$$I_B=I_A\cos^2(30^\circ)=\frac{1}{2}\frac{3}{4}I_0=\frac{3}{8}I_0$$

$I_C = I_B\cos^2(60°) = \frac{3}{32}I_0$

2) $I_C = \frac{1}{2}I_0\cos^2(\omega t)\cos^2(90° - \omega t)$

$= \frac{1}{2}I_0\cos^2(\omega t)\sin^2(\omega t)$

$= \frac{1}{8}I_0\sin^2(2\omega t)$

$2\omega t = 90°$에서 최대이고, 최댓값은 $I_C = \frac{1}{8}I_0$

CHAPTER 08 2019년 | 1학기 중간 해설

01

(a) $x_0 = 0$이고 $y_0 = 40m$라 하자. $a_x = 0$ 이고 $a_y = -10m/s^2$이다.

$v_x = v_{0x} = 15m/s$, $x = (15m/s)t$,

$v_y = v_{0y} - gt = (10m/s) - (10m/s^2)t$,

$y = y_0 + v_{0y}t - \frac{1}{2}gt^2 = 40m + (10m/s)t - (5m/s^2)t^2$

(b) $v_y = (10m/s) - (10m/s^2)t = 0$

일 때 $t = 1s$에서 y는 최대 높이가 된다. 따라서 최대 높이는

$y = 40m + (10m/s)(1s) - (5m/s^2)(1s)^2 = 45m$

이다.

(c) 공중 체류 시간을 계산하기 위하여 y 방향 1차원 운동 방정식 $y - y_0 = v_{0y}t + \frac{1}{2}a_yt^2$을 이용한다. $y - y_0 = -40m$ 임으로

$-40m = (10m/s)t - (5m/s^2)t^2$ 에서

$(5m/s^2)t^2 - (10m/s)t - 40m = 0$

$t^2 - 2t - 8 = 0$, $(t+2)(t-4) = 0$, 시간은 양수임으로 $t = 4$에 스턴트맨이 매트에 도달한다. 이 시간동안 스턴트맨은 남쪽으로 이동한다. 이동하는 거리

$x - x_0 = v_{0x}t + \frac{1}{2}a_xt^2 = v_{0x}t$

$= (15m/s)(4s) = 60m$ 이다.

스턴트맨은 남쪽으로 60m 이동한 후 착륙한다. 따라서 남쪽으로 60m 지점에 매트를 설치해야 한다.

02

블록이 원형궤도의 바닥과 꼭대기에 있을 때의 속력을 각각 v_B, v_T라하면, 에너지 보존 법칙으로 다음 식이 성립한다.

$\frac{1}{2}mv_B^2 = \frac{1}{2}mv_T^2 + mg(2R)$

혹은 $(mv_B^2 - mv_T^2) = 4mgR$

(1) 여기서 R=2m 이고 m=1kg이다.

바닥에서의 수직항력은 $n_B = mv_B^2/R + mg$이고,

(2) 꼭대기에서의 수직항력은

$n_T = mv_T^2/R - mg$이다.

(3)식 (2)에서 (3)을 빼면,

$n_B - n_T = (mv_B^2 - mv_T^2)/R + 2mg$를 얻는다.

(4)식 (1)을 (4)에 대입하면,

$n_B - n_T = 4mgR/R + 2mg = 6mg$

따라서 $n_T = n_B - 6mg = 75N - 6(1kg)(10m/s^2) = 15N$이다.

답: 15N

`03

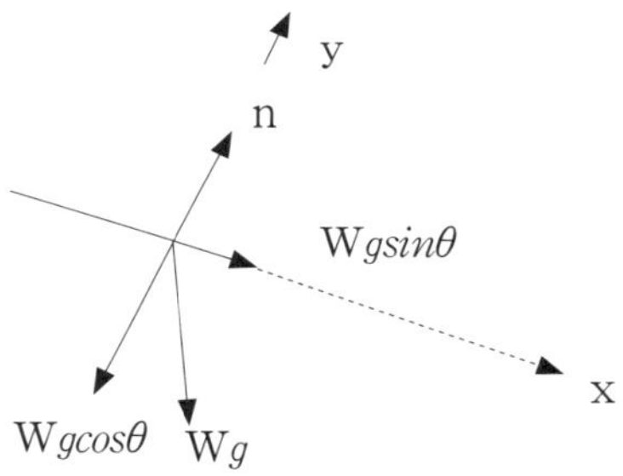

(a) 경사를 따라가는 방향을 x방향으로 두자. 이때

$n - Wg\cos\theta = Wa_y = 0$,

$a_y = 0 \; Wg\sin\theta = Wa_x$,

(b) $n = Wg\cos\theta_1$,

$Wg\sin\theta_1 = f_s = n\mu_s = Wg\cos\theta_1 \mu_s$

따라서 $\mu_s = \tan\theta_1, \theta_1 = \arctan\mu_s$

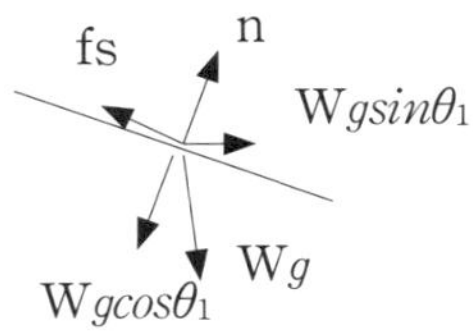

(c) $\mu \; <_k \mu_s$ 이고 $f_k < f_s = Wg\sin\theta_1$ 이기에 썰매는 가속을 받는다.

이때 가속도 a 는 다음과 같다.

$f_k = n\mu_k = Wgcos_1 \mu_k$

$Wg\sin\theta_1 - Wg\cos\theta_1 \mu_k = Wa_x$

따라서 $a = a_x = g(\sin\theta_1 - \mu_k \cos\theta_1)$

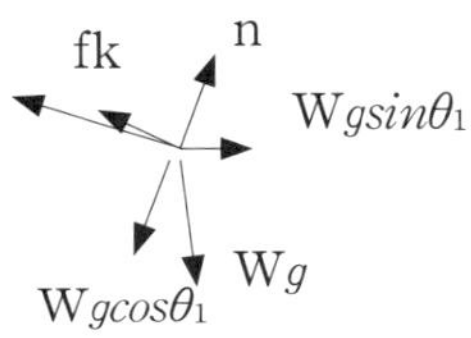

`04

(a) 충돌 전 m_1의 속력 v_{1i} 은 다음과 같다.

$m_1 gh = \frac{1}{2} m_1 v_{1i}^2 \Rightarrow v_{1i}$

$= \sqrt{2gh} = \sqrt{(2*10m/s^2*0.8m)} = 4m/s$

(b) 충돌 이후 m_1과 m_2-의 속력은 다음과 같이 구할 수 있다.

$$v_{1f} = \frac{m_1 - m_2}{m_1 + m_2} v_{1f},$$

$$v_{2f} = \frac{2m_1}{m_1 + m_2} v_{1i} = \frac{2m_1}{m_1 + m_2} \sqrt{2gh}$$

$$\therefore v_{1f} = \frac{2m_2}{4m_2} 4m/s = 2.0m/s,$$

$$v_{2f}=\frac{6m_2}{4m_2}4m/s=6.0m/s$$

(c) 충돌이후 최고도달 높이는 다음과 같이 구할 수 있다.

$$\frac{1}{2}m_2v_{2f}^2=m_2gh_2$$

$$\rightarrow\ h_2=\frac{1}{2g}v_{2f}^2=\frac{1}{2g}(\frac{2m}{m_1+m_2}v_{1i})^2$$

$$=\frac{1}{2g}(\frac{2m_1}{m_1+m_2})^2 2gh$$

If $m_1=3m_2$,

$$h_2=(\frac{6m_2}{4m_2})^2h=\frac{9}{4}0.8m=1.8m$$

05

(a) P_1의 병진속도는 다음과 같다.

$$v_{P_1}=w(3d)=3dw.$$

가속도의 경우, 각속도가 일정하기 때문에 접선방향 가속도는 0이고 구심가속도만 구해주면 된다.

$$a=a_{centripetal}=3dw^2$$

(b) 질량 M인 봉의 관성모멘트는 평행축 정리를 이용한다.

$$I_M=\frac{1}{12}Md^2+M(\frac{d}{2}+2d)^2$$

$$=(\frac{1}{12}+\frac{25}{4})Md^2=\frac{19}{3}Md^2$$

연결체 전체의 관성 모멘트는 각각의 관성 모멘트를 구한뒤 더해준다. 원점에서 가까운 순서대로 아래첨자 1, 2, 3, 4를 쓰면

$$I=\frac{8}{3}Md^2+4md^2+\frac{19}{3}Md^2+9md^2$$

$$=9Md^2+13md^2$$

(c) P_1의 운동에너지는 다음과 같다.

$$K_1=\frac{1}{2}I_4w^2=\frac{9}{2}md^2w^2$$

연결체 전체의 운동에너지는 다음과 같다.

$$K=\frac{1}{2}I=\frac{1}{2}(9Md^2+13md^2)w^2$$

CHAPTER 08 2019년 | 1학기 기말 해설

01

(a) 봉의 중심에 대해 각운동량이 보존됨을 이용하면,

$$d=\frac{ML^2w}{12mv}=\frac{M(0.60m)^2(80rad/s)}{12(M/3)(40m/s)}=0.180m$$

(b) d의 값이 (a)에서 구한 값보다 클 경우, 시스

템 전체의 각운동량이 시계방향이 되므로 충돌 이후에 봉은 시계방향으로 돌아간다.

02

(a) $p_1=p_3$, $v_1 \approx 0.0$ 이라 한다면

$\rho g h_1=\frac{1}{2}\rho v_3^2+\rho g h_3$

$v_3=\sqrt{2g(h_1-h_3)}=\sqrt{2*10*(25-5)}=20m/s$

$\frac{dV}{dt}=A_3v_3=0.05*20=1.0m^3/s$

(b) $v_1 \approx 0.0$ 이라 한다면 $A_2v_2=A_3v_3$

$\Rightarrow \quad v_2=\frac{A_3}{A_2}v_3=\frac{0.05}{0.2}*20=5m/s$

$p_1+\rho g h_1=p_2\frac{1}{2}\rho v_2^2+\rho g h_2$

$p_2=p_1+\rho g(h_1-h_2)-\frac{1}{2}\rho v_2^2$

$=p_1+10^3*10*(25-5)-\frac{1}{2}*10^3*5^2=$

$p_{atm}+187,500N/m^2$ ($\because$ $p_1=p_{atm}$)

따라서 점2에서 게이지압력은 187,500Pa 이다.

03

(a) 미소부분 dM의 중력 포텐셜 에너지 dU_g 는 다음과 같다.

$dU_g=-GmdM/r$, $r=\sqrt{x^2+a^2}$

$dU_g=-GmdM/r$, $r=\sqrt{x^2+a^2}$

(b) $x \gg a$ 인 경우, $U_g \cong -GMm/x$. 질량이 각각 M과 m인 두 점 입자가 x 만큼 떨어져 있을때의 포텐셜 에너지와 같다.

(c) $F_{g,i}=-\frac{\partial U_g}{\partial i}$, $i=x,y,z$

$F_{g,x}=-\frac{dU_g}{dx}=GMmx/(x^2+a^2)^{3/2}$,

$F_{g,y}=0$, $F_{g,z}=0$

$\therefore \ \overrightarrow{F_g} = = GMmx\hat{x}/(x^2+a^2)^{3/2}$

(d) c의 결과에 따르면, x=0이면 $\overrightarrow{F_g}=0$이다. 대칭성에 의하여, 점입자가 고리의 한 가운데에 위치한다면 모든 방향에서 가해지는 힘들이 서로 상쇄되므로 전체 중력은 0이 된다.

04

우선 탄성계수 k부터 계산하면

k=mg/y=1.5×10.0/0.025=600N/m

(a) $1/2kA^2=1/2\times600\times(0.02)^2=0.12J$

(b) $U_g=-1.5\times10.0\times0.02=-0.3J$

(c) at maximum downward displacement, 이 위치에서는 모든 에너지가 위치에너지로 저장되어 있고위치에너지는 탄성에너지인 U_{spring} 과 중력에너지 U_g 의합이므로

U_{spring} = total energy-U_g = 0.12 − (−0.3) = 0.42J

(d) K_{max} = 1/2 kA^2 = 1/2×600×$(0.02)^2$ 0.12J

05

(a) 태아의 심벽이 듣는 소리의 주파수

$$f' = \frac{v+v_w}{v} f$$

반사되는 음파의 주파수

$$f'' = \frac{v}{v-v_w} f' \quad \therefore f'' = \frac{v+v_w}{v-v_w} f$$

(b)

$$f_{beat} = f'' - f = \frac{2v_w}{v-v_w} f$$

$$\therefore 1500 - v_w = 2v_w \frac{2000000}{80} = 50000 v_w$$

$$\therefore v_w = \frac{1500}{50001} \cong 0.03\text{m/s}$$

CHAPTER 08 2019년 | 2학기 중간 해설

01

1) $dE = \frac{1}{4\pi\epsilon_0} \frac{dQ}{x^2+a^2}$

$$dE_x = \frac{1}{4\pi\epsilon_0} \frac{dQ}{x^2+a^2} \frac{x}{\sqrt{x^2+a^2}}$$

$$= \frac{1}{4\pi\epsilon_0} \frac{x\,dQ}{(x^2+a^2)^{3/2}}$$

$$E_x = \int \frac{1}{4\pi\epsilon_0} \frac{x\,dQ}{(x^2+a^2)^{3/2}}$$

$$\vec{E} = E_x \hat{i} = \frac{1}{4\pi\epsilon_0} \frac{Qx}{(x^2+a^2)^{3/2}} \hat{i}$$

02

1) 균일하게 대전된 1번구에서는 내부의 지점이므로

$$E_1 = \frac{|q_1|}{4\pi\varepsilon_0 R^3} r = \frac{|q_1|}{4\pi\varepsilon_0 R^3} \frac{R}{2} = \frac{|q_1|}{8\pi\varepsilon_0 R^2}$$

2번 구 입장에서는 외부의 지점이므로

$$E_2 = \frac{|q_2|}{4\pi\varepsilon_0 r^2} = \frac{|q_2|}{4\pi\varepsilon_0 (1.5R)^2}$$

$$\frac{|q_1|}{8\pi\varepsilon_0 R^2} = \frac{|q_2|}{4\pi\varepsilon_0 (1.5R)^2}$$

$$\frac{q_2}{q_1} = \frac{9}{8}$$

03

1) $\vec{E} = -\frac{\sigma}{\epsilon_0} \hat{j}$

2)

$$V_{BA} = -\int_A^B \vec{E} \cdot d\vec{r} = \left(\frac{\sigma}{\epsilon_0}\right)\int_A^B \hat{j} \cdot (dy\hat{j})$$

$$= \left(\frac{\sigma}{\epsilon_0}\right)(y_B - y_A) = -\frac{\sigma D}{\epsilon_0}$$

3) 점 A : $E_A = T_A + U_A = 0 + q_0\left(\frac{\sigma D}{\epsilon_0}\right)$

점 B : $E_B = T_B + U_B = \frac{1}{2}mv^2 + 0$

그러므로, $v = \sqrt{\frac{2q_0\sigma D}{m\epsilon_0}}$

04

반지름이 매우 크므로 가장자리 효과를 무시하면, 커패시턴스 $C = \frac{\epsilon_0 \pi r^2}{d}$ 이고 저장된 에너지 $U = \frac{1}{2}CV^2$이다.

충전 후 충전된 전하량 $Q = CV$ 이며, 회로에서 연결을 끊었으므로 간격 d가 d'으로 변하는 동안 Q는 변하지 않는다. 따라서 간격이 d'이 되었을 때의 커패시턴스와 전압을 각각 C', V'이라고 하면, $Q = CV = C'V'$의 관계가 성립하므로, $V' = \frac{C}{C'}V$ 이다.

이 때, $\left(C' = \frac{\epsilon_0 \pi r^2}{d'}\right)$

간격이 d'일 때의 저장된 에너지는

$U' = \frac{1}{2}C'\left(\frac{C}{C'}V\right)^2 = \frac{1}{2}\frac{C^2}{C'}V^2$ 가 된다.

따라서 저장된 에너지 차이, 즉 일은

$$\Delta U = U' - U = \frac{1}{2}CV^2\left(\frac{C}{C'} - 1\right)$$

$$= \frac{1}{2}CV^2\left(\frac{d'}{d} - 1\right)$$

$$= \frac{1}{2}\frac{\epsilon_0 \pi r^2}{d}V^2\left(\frac{d'}{d} - 1\right)$$

【↑ C를 대입】

$$= \frac{\epsilon_0 \pi r^2 (d' - d)V^2}{2d^2}$$

05

1) S1을 닫은 직후에 10-μF의 전압는 0 V이므로 모든 전류는 10-μF로 흐른다.

$$I_{bat}^a = \frac{9}{100} = 0.09\text{ A}$$

2) S1을 닫고 시간이 충분히 지나면, 축전기는 완전히 충전되고, 따라서 축전기를 통하여 흐르는 전류는 없다. 즉 전류는 저항을 통해서만 흐른다.

$$I_{bat}^b = \frac{9}{100 + 50 + 150} = 0.03\text{ A}$$

3) 10-μF 축전기의 전압: Battery 전위에서 100Ω에 걸리는 전압만큼 떨어진다.

$$V_{10\mu F} = 9 - I_{bat}^b(100) = 9 - (0.03)(100) = 6\text{ V}$$

4) 50-μF 축전기의 전압=150-Ω 저항에 걸리는 전압

$$V_{50\mu F} = I_{bat}^b(150) = (0.03)(150) = 4.5\text{ V}$$

5) 완전히 충전된 50-μF 축전기가 150-Ω을 통하여 방전된다 (빨간색 부분). (방향은 신경 쓰지 않음)

$$I(t) = I_0 e^{-t/\tau}$$

$$= \frac{4.5}{150} e^{-t/\{(150)(50\times 10^{-6})\}}$$

$$= \frac{3}{100} e^{-t/(7.5\times 10^{-3})}\ (\mathrm{A})$$

CHAPTER 08 2019년 | 2학기 기말 해설

01

1) 전기 퍼텐셜 에너지가 운동에너지로 전환된다.

$$\frac{1}{2}mv^2 = qV$$

$$v = \sqrt{\frac{2qV}{m}}$$

자기력이 구심력으로 작용하므로,

$$qvB = \frac{mv^2}{r}$$

이온 X_1의 경우

$$r_1 = \frac{m_1 v_1}{qB} = \frac{m_1}{qB}\sqrt{\frac{2qV}{m_1}} = \frac{1}{B}\sqrt{\frac{2m_1 V}{q}}$$

2) 이온 X_2의 경우

$$r_2 = \frac{1}{B}\sqrt{\frac{2m_2 V}{q}}$$

$$\frac{r_2}{r_1} = \sqrt{\frac{m_2}{m_1}}$$

3) $t_1 = \frac{\pi r_1}{v_1}$

$$= \pi\frac{m_1}{qB}$$

02

1) 직선 도선에 의한 자기장 : $B = \frac{\mu_0 I}{2\pi d}$

점 P_1: $\frac{\mu_0 I}{2\pi(2d)} - \frac{\mu_0 I}{2\pi(4d)} = \frac{\mu_0 I}{8\pi d}$

방향 : $-\hat{y}$

점 P_2: $\frac{\mu_0 I}{2\pi(d)} + \frac{\mu_0 I}{2\pi(d)} = \frac{\mu_0 I}{\pi d}$ 방향 : $\hat{y}$

점 P_3: $\frac{\mu_0 I}{2\pi(d)} - \frac{\mu_0 I}{2\pi(3d)} = \frac{\mu_0 I}{3\pi d}$

방향 : $-\hat{y}$

2) $F_1 = B_1 I_2 l = \left(\frac{\mu_0 I_1}{2\pi d}\right) I_2 l$

$$\frac{F}{l}=\frac{\mu_0 I_1 I_2}{2\pi d}=10^4 N/m$$

03

1) $\varepsilon=-\dfrac{d\Phi}{dt}$

$$\Phi = BA=\mu_0 nIA=\mu_0 nI(\pi R^2)$$

$$\varepsilon=-\mu_0 n\pi R^2\frac{dI}{dt}=\mu_0 n\pi R^2\omega I_{\max}\sin(\omega t)$$

$$\varepsilon=\oint E\cdot dl = E(2\pi r)$$

$$E=\frac{1}{2r}\mu_0 nR^2\omega I_{\max}\sin(\omega t)$$

2) $\varepsilon=-\dfrac{d\Phi}{dt}$

$$\Phi = BA=\mu_0 nIA=\mu_0 nI(\pi r^2)$$

$$\varepsilon=-\mu_0 n\pi r^2\frac{dI}{dt}=\mu_0 n\pi r^2\omega I_{\max}\sin(\omega t)$$

$$E=\frac{1}{2}\mu_0 nr\omega I_{\max}\sin(\omega t)$$

04

1) 회로가 형성되고 충분한 시간이 흘렀으므로 인덕터에 걸리는 전압은 0이다. 즉, 전압은 저항에만 걸린다.

$$I=\frac{V}{R}=\frac{80\,V}{160\Omega}=\frac{1}{2}A$$

2) $\dfrac{1}{C_{eq}}=\dfrac{1}{20\,\mu F}+\dfrac{1}{80\,\mu F}$

$$C_{eq}=16\,\mu F$$

$$\frac{1}{2}LI^2=\frac{1}{2}\frac{Q^2}{C}$$

$$\Rightarrow Q=0.4\,mC$$

$$\omega=\frac{1}{\sqrt{LC}}=1250\,s^{-1}$$

$$T=\frac{2\pi}{\omega}=4.8\times10^{-3}s$$